平面设计与应用
综合案例技能实训教程

袁绪鹏　郭娟　刘天情　主编

清华大学出版社

北　京

内 容 简 介

本书从平面设计的应用领域讲起，综合利用Adobe公司推出的Photoshop、Illustrator、InDesign三大平面设计软件，依次制作了户外广告、电商banner、标志、产品包装、App界面、赛事海报、图书封面、画册内页、家居网页等作品，对这些作品的创作方法和设计技巧进行了详细阐述。

全书结构合理，图文并茂，用语通俗，易教易学，既适合作为各院校平面设计及多媒体设计专业的教材，又适合作为广大平面设计爱好者和各类技术人员的参考用书。

图书在版编目（CIP）数据

平面设计与应用综合案例技能实训教程 / 袁绪鹏，郭娟，刘天情主编. —北京：清华大学出版社，2021.11

ISBN 978-7-302-59304-1

Ⅰ.①平… Ⅱ.①袁… ②郭… ③刘… Ⅲ.①平面设计－图像处理软件 Ⅳ.①TP391.413

中国版本图书馆CIP数据核字（2021）第200874号

责任编辑：李玉茹
封面设计：李　坤
责任校对：鲁海涛
责任印制：丛怀宇
出版发行：清华大学出版社
　　　　　网　　　址：http://www.tup.com.cn, http://www.wqbook.com
　　　　　地　　　址：北京清华大学学研大厦A座　　　　邮　　　编：100084
　　　　　社 总 机：010-62770175　　　　邮　　　购：010-83470235
　　　　　投稿与读者服务：010-62776969, c-service@tup.tsinghua.edu.cn
　　　　　质 量 反 馈：010-62772015, zhiliang@tup.tsinghua.edu.cn
印 装 者：涿州汇美亿浓印刷有限公司
经　　销：全国新华书店
开　　本：170mm×240mm　　　　印　　张：14.75　　　字　　数：283千字
版　　次：2022年1月第1版　　　　印　　次：2022年1月第1次印刷
定　　价：79.00元

产品编号：089699-01

前 言

提起平面设计，大家并不陌生，但在具体应用时往往会遇到这样那样的疑惑。为了满足广大师生和设计爱好者的需要，我们组织一线设计人员编写了本书。书中对Adobe系列软件Photoshop、Illustrator、InDesign的综合应用进行了详细的阐述。书中案例着眼于实用性和专业性，符合读者的认知规律，无论对于平面设计初学者还是平面设计专业人员，都具有很强的参考及学习价值。

本书内容

本书从平面设计的应用领域讲起，深入浅出地阐述了平面作品的创作方法和设计技巧。全书共10章，各章内容安排如下。

章　节	作品类型	案例名称	课时安排
第1章	平面设计学习准备		2课时
第2章	户外广告设计	制作茶韵广告	4课时
第3章	电商banner设计	电商banner	4课时
第4章	标志设计	未来金街铺标志设计	4课时
第5章	产品包装设计	盛德医疗口罩包装盒设计	4课时
第6章	App界面设计	旅行App界面设计	4课时
第7章	赛事海报设计	赛事海报设计	4课时
第8章	图书封面设计	图书封面设计	4课时
第9章	画册内页设计	二十四节气画册内页设计	4课时
第10章	家居网页设计	家居网站首页设计	4课时

本书结构合理、讲解细致、特色鲜明，内容着眼于专业性和实用性，符合读者的认知规律，同时侧重综合职业能力与职业素养的培养，集"教、学、练"为一体。

阅读指导

作品标签

以一步一图的方式进行讲解。

平面设计与应用 综合案例技能实训教程

2.1 设计作品标签

为了更好地完成本设计案例，现对制作要求及设计内容做如下规划。

作品名称 制作茶韵广告
作品尺寸 200cm×100cm
作品说明 ①茶是中国最具特色的饮品，有悠久的文化底蕴，为了迎合年轻人的审美及展现茶文化……目光。
②在茶园背后添加……悠久文化气息。
③添加毛笔形态的……
应用软件 Photoshop、Illustrator……
案例路径 云盘\实例文件\……

2.2 制作茶韵广告

本案例制作的是关于茶文化的……文化特色并蕴含丰厚的文化底蕴，……

2.2.1 制作广告背景

添加牛皮纸素材图像作为背景……满整个画面。添加茶园素材图像并……茶园图像的角度，拼合图像。
步骤 01 启动Photoshop，单击……建文档"对话框中设置参数，单击……所示。

技巧点拨

新建文档的方法主要有以下几种：
• 在"开始"工作区中单击"新……
• 执行"文件"|"新建"命令。
• 按Ctrl+N组合键。

20

平面设计与应用 综合案例技能实训教程

步骤 26 在"字符"面板中设置参数，选择"横排文字工具"，输入文字"没有账号？快速注册"，字体颜色为白色，如图6-37、图6-38所示。

字符

思源黑体 CN　　　Regular

图 6-37

6.2.3 制作首页

首页又称起始页，是用户使……区以及标签栏等。采用丰富的设计……

知识链接

瓷片区就是板块拼……也叫作"瓷片区"。

步骤 01 按Ctrl+N组合键，在新……按钮即可，如图6-39所示。
步骤 02 执行"文件"|"置入……大小，放至最上方，如图6-40所示。
步骤 03 选择"圆角矩形工具……图6-41所示。

126

技巧点拨

知识链接

项目练习

为拓展练习项目，"学习—思考—实践"贯穿全书。

平面设计与应用 综合案例技能实训教程

项目练习

案例路径 云盘\实例文件\第8章\项目练习\制作茶道目录
项目背景 茶道，就是品赏茶的美感之道。茶道源于中国，之后又传入西方。受茶道委员会所托，为其制作茶道图书目录。
项目要求 ①背景为白色，样式简洁大方。
②可选用和茶相关的插画与文字进行搭配。
③设计规格为420mm×297mm。
项目分析 茶道目录设计背景颜色为白色。选择文字工具输入文字，使用段落样式与目录命令制作目录。在图书目录右侧置入图像，使其居中对齐。最后添加小图像进行装饰。
项目效果 图8-57。

图 8-57

课时安排 2课时。

170

配套资源

- 所有案例的素材及最终文件；
- 书中课后项目练习的素材及实例文件；
- 案例操作视频，扫描书中二维码即可观看；
- 平面设计软件常用快捷键速查表；
- 常见配色知识电子手册；
- 全书各章PPT课件。

本书由袁绪鹏（黑河学院）、郭娟（哈尔滨剑桥学院）、刘天情（黑河学院）编写，其中，袁绪鹏编写第1~5章，郭娟编写第6~8章，刘天情编写第9~10章。他们在长期的工作中积累了大量的经验，在写作的过程中始终坚持严谨、细致的态度，力求精益求精。由于时间有限，书中疏漏之处在所难免，希望读者朋友批评、指正。

编　者

扫 描 二 维 码 获 取 配 套 资 源

目录

第 **1** 章

平面设计学习准备

第 **2** 章

户外广告设计

第**3**章

电商banner设计

第**4**章

标志设计

第**5**章

产品包装设计

第**6**章

App界面设计

第**7**章

赛事海报设计

第**8**章

图书封面设计

第**9**章

画册内页设计

第 **10** 章

家居网页设计

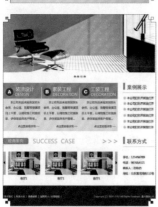

第 **1** 章

平面设计学习准备

本章概述

随着软件技术的不断更新，平面设计也迅速发展，且涉及领域更加广泛。平面设计师可以从事广告公司、企划公司、图文设计公司、出版行业、企业宣传策划部门，及其他需求平面设计师领域的相关设计工作。本章将对平面设计基础知识进行介绍，为读者深入学习软件操作技能奠定良好的基础。

要点难点

- 平面设计的要素 ★☆☆
- 常见平面设计软件 ★☆☆
- 平面设计专业术语 ★★☆
- 平面设计的应用领域 ★★★

1.1 什么是平面设计

平面设计又被称为视觉传达设计，它以"视觉"作为沟通和表现的方式。平面设计是沟通传播、风格化和通过文字及图像解决问题的艺术。由于有知识技能的重叠，平面设计常常被误认为是视觉传播或传播设计。实际上，平面设计是通过使用多种不同的方法创造和组合文字、符号和图像以产生视觉思想及信息，借此来传达设计者的想法或信息的视觉表现。

1.1.1 平面设计的要素

图形、文字、色彩是平面设计中的基本要素。这些以平面形态出现的视觉类信息传播媒介，均属于平面设计的范畴。

1. 图形

图形是平面设计主要的构成要素，它能够形象地表现设计主题和设计创意。图形在平面设计中有着重要的地位，没有理想的图形，平面设计就显得苍白无力，因此图形成为设计的生命。

在欣赏一幅设计作品前，一般先被图形吸引，随后再看其标题及介绍文字。因此，图形具有吸引受众注意版面、将版面内容传达给受众、把受众的视线引至文字三大功能，如图1-1、图1-2所示。

图 1-1

图 1-2

2. 文字

在平面广告中，文字是不可缺少的构成要素，用于归纳和提示一件平面设计作品所传达的意思，起着非常重要的作用，它能够更有效地向受众传达作者的意图。

文字的排列组合可以引导人的视线。视线是流动的，水平线使人们的视线左右移动，垂直线则使视线上下移动，斜线因有不安定的感觉，往往最能吸引公众的视线。文字的大小也是非常重要的，设计者必须选用大小适当的文字。文字太大，必然喧宾夺主，干扰主题画面对公众的视觉传达；文字太小，不利于突出设计思想，降低公众对作品主题的摄取。所以合适的字号是设计者控制整个画面层次、详略的关键。字体则表达了一种文字风格和审美情趣，选用不同的字体不仅可以加强作品的时代感，还可以准确地反映作品的主题意旨，使海报主题与内容相互统一，如图1-3、图1-4所示。

图 1-3 图 1-4

3. 色彩

在三大要素中，色彩的表现与图像和文字是不可分离的，所以可以把色彩传达放在第一位。色相、明度、纯度是色彩的三个重要元素。色相即为红、黄、绿、蓝、黑等不同的颜色。明度是指某一单色的明暗程度。纯度即单色色相的鲜艳度、饱和度，也称彩度。

在平面设计中，设计师要表现出设计的主题和创意，需要充分展现色彩的魅力。首先必须认真分析研究色彩的各种因素，充分表现商品、企业的个性特征和功能是色彩传达的主要目的，利用色彩设计的创意造成一种更集中、更强烈、更单纯的形象，以适合商品消费市场的审美流，加深公众对广告信息的认知程度，达到信息传播的目的，如图1-5、图1-6所示。

图 1-5 图 1-6

1.1.2 常用设计软件

现如今，平面设计的工具以电脑为主，了解并熟练应用平面设计软件是设计师的必备功课，其中常用软件包括Photoshop、Illustrator、InDesign等。下面将对各软件进行简要介绍。

1. Adobe Photoshop

Photoshop主要处理由像素构成的数字图像。使用其众多的编修与绘图工具，可以有效地进行图片编辑工作，在出版印刷、广告设计、美术创意、图像编辑等领域得到了极为广泛的应用。Photoshop CC的工作界面如图1-7所示。

图 1-7

2. Adobe Illustrator

Adobe Illustrator是一种应用于出版、多媒体和在线图像的工业标准矢量插画软件。作为一款非常好的图片处理工具，Illustrator广泛应用于印刷出版、专业插画、多媒体图像处理和互联网页面的制作等，也可以为线稿提供较高的精度控制，适合生产从小型设计到大型复杂项目的所有工作。Illustrator CC的工作界面如图1-8所示。

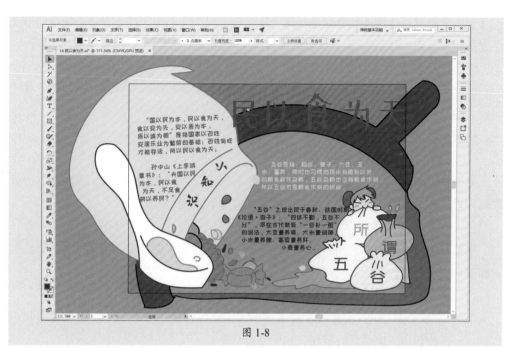

图 1-8

3. Adobe InDesign

Adobe InDesign是一款专业排版领域的设计软件。它是基于一个新的开放的面向对象体系，可实现高度的扩展性，还建立了一个由第三方开发者和系统集成者提供的自定义杂志、广告设计、目录、零售商设计工作室和报纸出版方案的核心。InDesign CC的工作界面如图1-9所示。

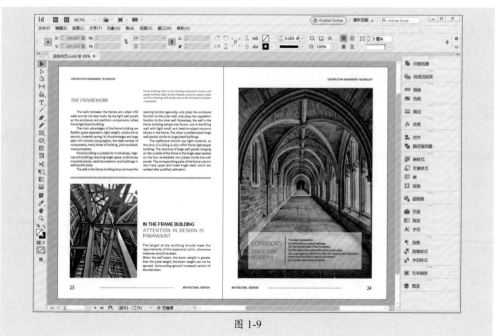

图 1-9

利用多种不同的软件和电脑设备来辅助完成平面设计工作，其主要优点包括如下几个方面。

（1）用电脑代替传统设计工具

现代平面设计以电脑作为主要创作工具，既结合了各种传统绘画工具的特点，又能体现多种新的艺术风格。如Photoshop和Illustrator的出现就极大地推动了摄影业、印刷业、出版业的发展。

（2）信息处理能力强

电脑在文字录入、图像扫描、图像存储、图像编辑、特效处理等方面具有超强的处理能力，在图文混排、图像输出等方面的操作也更加方便、快捷。

（3）使平面设计走向产业化

电脑在平面设计中的应用，极大地改变了平面设计的作业环境，使艺术创作逐步走向标准化、工业化、产业化。

（4）促进设计创意

电脑革新了设计师的艺术语言与表现手法，同时促进了创意的萌发机制与深化过程，许多以往想得到做不到的事现在几乎都能通过电脑轻易实现。

1.2 平面设计专业术语

在学习设计软件的入门阶段之前，首先需要掌握一些关于图像和图形的基本概念，这样将方便读者对软件的进一步学习与了解。

1.2.1 位图与矢量图

计算机记录数字图像的方式有两种：一种是用像素点阵方法记录，即位图；另一种是通过数学方法记录，即矢量图。

1. 位图

位图图像由许许多多的被称之为像素的点所组成，这些不同颜色的点按照一定的次序排列，就组成了色彩斑斓的图像，如图1-10、图1-11所示。图像的大小取决于像素数目的多少，图像的颜色取决于像素的颜色。

位图图像在保存文件时，能够记录下每一个点的数据信息，因而可以精确地记录色调丰富的图像，达到照片般的品质。位图图像可以很容易地在不同软件之间交换文件，缺点则是在缩放和旋转时会产生图像的失真现象，同时文件较大，对内存和硬盘空间容量的需求也较大。

图 1-10   图 1-11

2. 矢量图

  矢量图形又称为向量图，图形的构成以线条和颜色块为主。矢量图形与分辨率无关，而且可以在图片的观看质量不受影响的情况下，任意改变大小以进行输出，这主要是因为其线条的形状、位置、曲率等属性都是通过数学公式进行描述和记录的。

  矢量图形文件所占的磁盘空间比较小，非常适合网络传输，也经常被应用在标志设计、插图设计以及工程绘图等专业设计领域。但矢量图的色彩较之位图相对单调，无法像位图那样真实地表现自然界的颜色变化，如图1-12、图1-13所示。

图 1-12   图 1-13

1.2.2 像素与分辨率

  像素（Pixel）是用来计算数码影像的一种单位，如同摄影的相片一样。数码影像也具有连续性的浓淡阶调，若把影像放大数倍，会发现这些连续色调其实是由许多色彩相近的小方点所组成，这些小方点就是构成影像的最小单位"像素"。在计算机编程中，像素组成的图像叫位图或者光栅图像。位图化图像可用于编码数字影像和某些类型的计算机生成艺术。简单地说，像素就是图像的点的数值，点画成线，线画成面，如图1-14、图1-15所示。

图 1-14   图 1-15

分辨率对于数字图像的显示及打印都起着至关重要的作用，常以"宽×高"的形式来表示。分辨率对于用户来说显得有些抽象，在此，编者将分门别类地向大家介绍分辨率，以便以最快的速度掌握该知识点。一般情况下，分辨率分为图像分辨率、屏幕分辨率以及打印分辨率。

1. 图像分辨率

图像分辨率通常以"像素/英寸"来表示，是指图像中每单位长度含有的像素数目。以具体实例来说明，分辨率为300像素/英寸的1英寸×1英寸的图像总共包含90000像素，而分辨率为72像素/英寸的图像共包含5184像素（72像素宽×72像素高=5184）。但分辨率并不是越大越好，分辨率越大，图像文件越大，在进行处理时所需的内存越大，CPU处理时间也就越长。不过，分辨率高的图像比相同打印尺寸的低分辨率图像包含更多的像素，因而图像会更加清楚、细腻。如图1-16所示为分辨率为72像素/英寸的图像参数。

图 1-16

2. 屏幕分辨率

屏幕分辨率就是指显示器分辨率，即显示器上每单位长度显示的像素或点的数量，通常以"点/英寸（dpi）"来表示。显示器分辨率取决于显示器的大小及其像素设置。显示器在显示时，图像像素直接转换为显示器像素，这样当图像分辨率高于显示器分辨率时，在屏幕上显示的图像比其指定的打印尺寸大，如图1-17所示。常见的屏幕分辨率有1920×1080、1600×1024、640×480。

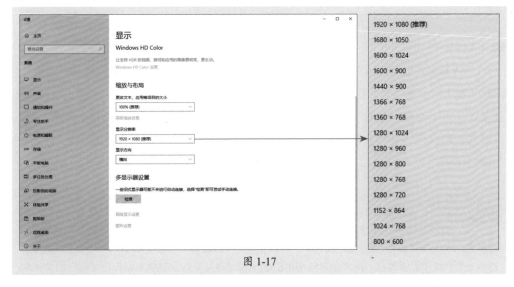

图 1-17

3. 打印分辨率

激光打印机（包括照排机）等输出设备产生的每英寸油墨点数（dpi）就是打印机分辨率。大部分桌面激光打印机的分辨率为300~600dpi，而高档照排机能够以1200dpi或更高的分辨率进行打印。

图像的最终用途决定了图像分辨率的设定，如果要对图像进行打印输出，则需要符合打印机或其他输出设备的要求，分辨率应不低于300dpi；应用于网络的图像，分辨率只需满足典型的显示器分辨率即可。

1.2.3 图像色彩模式

颜色模式，是将某种颜色表现为数字形式的模型，或者说是一种记录图像颜色的方式，进而使颜色能在多种媒体中得到一致的描述。任何一种颜色模式都是仅仅根据颜色模式的特点表现某一个色域范围内的颜色，而不能表现出全部颜色。所以，不同的颜色模式所表现出来的颜色范围与颜色种类也是不同的。

设计软件中通用的色彩模式有RGB模式、CMYK模式、Lab模式、HSB模式、灰度模式、索引颜色模式。下面将分别介绍常用的色彩模式。

1. RGB 模式

光的三原色是红、绿、蓝，绝大多数可视光谱可用红色、绿色和蓝色（RGB）三色光的不同比例和强度混合来产生。在这三种颜色的重叠处产生青色、洋红、黄色和白色。由于RGB颜色合成可以产生白色，所以也称之为加色模式。加色模式一般用于光照、视频和显示器。

RGB模式为彩色图像中的每个像素的分量指定一个介于0（黑色）~255（白色）之间的强度值。当所有这三个分量的值相等时，结果是中性灰色。新建的Photoshop与Illustrator文档默认为RGB模式。

2. CMYK 模式

CMYK模式以打印在纸上的油墨的光线吸收特性为基础。理论上，纯青色（C）、洋红（M）和黄色（Y）色素合成，吸收所有的颜色并生成黑色，因此该模式也称为减色模式。由于油墨中含有一定的杂质，所以最终形成的不是纯黑色，而是土灰色，为了得到真正的黑色，必须在油墨中加入黑色（K）油墨。这个油墨混合重现颜色的过程称为四色印刷。

知识链接

在准备用印刷色打印的图像时，应使用CMYK模式。将RGB图像转换为CMYK模式即产生分色。如果从RGB图像开始，则最好先在该模式下编辑，只要在处理结束时转换为CMYK模式即可。在RGB模式下，可以使用"校样设置"命令模拟CMYK转换后的效果，而不必真的更改图像数据。用户也可以使用CMYK模式直接处理从高端系统扫描或导入的CMYK图像。

3. Lab 模式

Lab模式是最接近真实世界颜色的一种色彩模式。其中，L表示亮度，亮度范围是0~100，a表示由绿色到红色的范围，b代表由蓝色到黄色的范围，a和b的范围是-128~+127。这种模式不依赖于设备，它是一种独立于设备存在的颜色模式，不受任何硬件性能的影响。

4. HSB 模式

HSB模式是基于人类对颜色的感觉而开发的模式，是最接近人眼观察颜色的一种模式。所有的颜色都用色相、饱和度以及亮度三个特性来描述。

- **色相（H）**是指人眼能看到的纯色，它是与颜色主波长有关的颜色物理和心理特性，不同波长的可见光具有不同的颜色。在HSB模式中，唯有H的取值单位为度数，表示色相位于色相环上的位置。
- **饱和度（S）**是指颜色的强度或纯度，表示色相中灰色成分所占的比例，用0%~100%（纯色）来表示。
- **亮度（B）**是颜色的相对明暗程度，通常用0%（黑）~100%（白）来度量。

5. 灰度模式

灰度模式可以使用多达256级灰度来表现图像，使图像的过渡更平滑细腻。灰度图像的每个像素有一个0（黑色）~255（白色）之间的亮度值。灰度值也可以用黑色油墨覆盖的百分比来表示（0%等于白色，100%等于黑色）。在此模式下的图像质量比较细腻，人们生活中的黑白照片就是很好的例子，如图1-18、图1-19所示。

图 1-18   图 1-19

6. 索引颜色模式

索引颜色模式是网上和动画中常用的图像模式，当彩色图像转换为索引颜色的图像后，包含近256种颜色。索引颜色图像包含一个颜色表。如果原图像中颜色不能用256色表现，则Photoshop会从可使用的颜色中选出最相近颜色来模拟这些颜色，这样可以减小图像文件的尺寸。

1.2.4 色彩基本属性

色彩的三大属性，主要是色相、明度、纯度。

1. 色相

色相是色彩重要的特征之一，是区别各种不同色彩的主要依据。自然界中各个不同的色相是无限丰富的，如翠绿、湖蓝、群青等。如图1-20、图1-21所示是蓝色的蓝莓、橙色的橙子。

图 1-20   图 1-21

2. 明度

明度是指色彩的深浅程度，颜色有深浅、明暗的变化。不同的色彩具有不同的明度，任何色彩都存在明暗变化。要使色彩明度降低，可增加白色、浅色进行混合；要使色彩明度提高，可增加黑色、深色进行混合，如图1-22、图1-23所示为同一幅图的不同明度。

图 1-22　　　　　　　　　　　　　图 1-23

3. 纯度

　　纯度是指色彩的饱和度，也称彩度。纯色色感强，即色度强，所以纯度亦是色彩感觉强弱的标志。其中红、橙、黄、绿、蓝、紫等的纯度最高，无彩色系中黑、白、灰的纯度几乎为零。一种颜色的纯度越高并不等于明度就高，色彩的纯度与明度并不成对比。如图1-24、图1-25所示为同一幅图的不同纯度。

图 1-24　　　　　　　　　　　　　图 1-25

知识链接

　　在Photoshop中，可执行"图像"|"调整"|"色相/饱和度"命令，或按Ctrl+U组合键，在弹出的"色相/饱和度"对话框中对图像色彩属性参数进行调整，如图1-26所示。

图 1-26

1.2.5　色彩搭配的原则

色彩搭配的原则基础是不要超过三种颜色。三种指的是色相，比如绿色和深绿色可视为一种色相。黑白灰为无彩色，不算在内。如图1-27所示为基调色、辅助色和点缀色百分比表示效果图。

- **基调色**（主色，即使用面积最大的颜色，形成整体印象）占70%；
- **辅助色**（副色，起到补充基调色的作用）占25%；
- **点缀色**（重点色，使用面积最小、最为醒目的颜色）占5%。

图 1-27

在进行色彩搭配时，首先要确定需要"体现统一感的配色"还是"体现变化感的配色"，然后挑选相应的配色。要注意统一每种颜色的色调，饱和度高的需搭配同饱和度的颜色，亮度和饱和度弱的颜色选择浅灰色系色调，以确保不影响整体的统一性和可视性。如图1-28所示为常用的色系搭配。

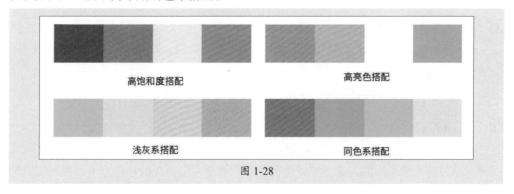

图 1-28

1.2.6　常用文件格式

图像文件的存储格式有很多种，对于同一幅图像，其存储格式不同，那么对应的文件大小也不同，这是因为文件的压缩形式不同。小文件可能会损失其本来的很多图像信息，所以其存储空间小，而文件大则会更好地保持图像质量。

1. PSD 格式

PSD格式是Photoshop软件自身的专用文件格式。PSD格式支持蒙版、通道、路径和图层样式等所有Photoshop的功能，还支持Photoshop使用的任何颜色深度和图像模式。PSD格式可以直接置入Illustrator、Premiere、InDesign等Adobe软件中。

2. AI格式

AI格式是Illustrator软件创建的矢量图格式，它的优点是占用硬盘空间小，打开速度快，方便格式转换。AI格式的文件可以直接在Photoshop软件中打开，打开后的文件将转换为位图格式。

3. Indd格式

Indd格式是Adobe InDesign软件专业存储格式。InDesign 是专业的书籍出版软件，可与Photoshop、Illustrator和Dreamweaver等软件完美集成，为创建更丰富、更复杂的文档提供强大的功能，将页面可靠地输出到多种媒体中。

4. PDF 格式

PDF格式可以将文字、字型、格式、颜色及独立于设备和分辨率的图形图像等封装在一个文件中。该格式文件还可以包含超文本链接、声音和动态影像等电子信息，支持特长文件，集成度和安全可靠性都较高。

5. GIF 格式

GIF格式是输出图形到网页最常用的格式，分为静态GIF和动态GIF，支持透明背景图像，适用于多种操作系统。GIF格式可将多幅图像保存为一个图像文件，从而形成动画效果。

6. JPEG 格式

JPEG格式也是常见的一种图像格式，文件的扩展名为.jpg或.jpeg。JPEG具有调节图像质量的功能，可以用不同的压缩比例对文件进行压缩，压缩比率通常在10∶1到40∶1之间，压缩越大，品质越低；压缩越小，品质越高。

7. PNG 格式

PNG是一种可以将图像压缩到Web上的文件格式。不同于GIF格式图像的是，它可以保存24位的真彩色图像，并且支持透明背景和消除锯齿边缘的功能，可以在不失真的情况下压缩保存图像。

8. TIFF 格式

TIFF格式是一种通用的文件格式，支持RGB模式、CMYK模式、Lab模式、位图模式、灰度模式和索引模式等色彩模式，常用于出版和印刷业中。

9. EPS 格式

EPS是为PostScript打印机上输出图像而开发的文件格式，是带有预览图像的文件格式，是在排版中经常使用的文件格式。

10. TXT 格式

TXT格式是一种常见的文本格式。

1.3　平面设计的应用领域 ///////////////////////////////////

平面设计的应用范围非常广泛，可以说贯穿了整个设计行业，下面介绍一下最常见的几个行业。

1.3.1　广告设计

广告设计是在计算机平面设计技术的基础上，随着广告行业发展所形成的一个新职业。该职业的主要特征是对图像、文字、色彩、版面、图形等表达广告的元素，结合广告媒体的使用特征，在计算机上通过相关设计软件来为实现广告目的和意图所进行平面艺术创意的一种设计活动或过程。广告设计是由广告的主题、创意、语言文字、形象、衬托等要素构成的组合安排，其最终就是通过广告来达到吸引受众眼球的目的，如图1-29、图1-30所示。

图 1-29　　　　　　　　　　　　　　图 1-30

1.3.2　包装设计

包装设计是将美术与自然科学相结合，运用到产品的包装保护和美化方面，它不是广义的"美术"，也不是单纯的装潢，而是包含科学、艺术、材料、经济、心理、市场等综合要素的多功能体现，如图1-31、图1-32所示。

图 1-31　　　　　　　　　　　　　　图 1-32

1.3.3　网页设计

网页设计是根据企业希望向浏览者传递的信息（包括产品、服务等），进行网站功能策划，然后进行的页面设计美化工作。作为企业对外宣传的窗口，精美的网页设计对于提升企业的互联网品牌形象至关重要。网页设计的工作目标是通过使用更合理的颜色、字体、图片、样式进行页面美化，在功能限定的情况下，尽可能给予用户完美的视觉体验，如图1-33、图1-34所示。

图 1-33

图 1-34

知识链接

网页设计一般分为三大类：功能型网页设计（服务网站&B/S软件用户端）、形象型网页设计（品牌形象站）、信息型网页设计（门户站）。根据设计网页的目的不同，应选择不同的网页策划与设计方案。

1.3.4　书籍设计

书籍设计是指从书籍的文稿到编排出版的整个过程，是完成从书籍形式的平面化到立体化的过程，它包含了艺术思维、构思创意和技术手法的系统设计。书籍是开本、装帧形式、封面、腰封、字体、版面、色彩、插图，以及纸张材料、印刷、装订及工艺等各个环节的艺术设计。在书籍设计中，只有从事整体设计的才能称之为装帧设计或整体设计，只完成封面或版式等部分设计的，只能称作封面设计或版式设计等，如图1-35、图1-36所示。

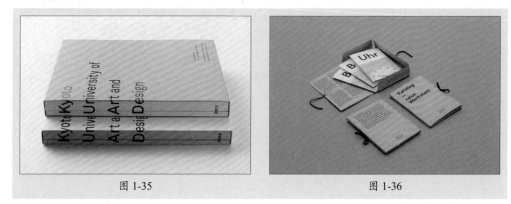

图 1-35   图 1-36

1.3.5 VI设计

VI即视觉识别系统，是CIS系统最具传播力和感染力的部分，是将CI的非可视内容转化为静态的视觉识别符号，以无比丰富的应用形式，在最为广泛的层面上，进行最直接的传播。设计到位、实施科学的视觉识别系统，是建立企业知名度、传播企业经营理念、塑造企业形象的快速便捷之途，如图1-37、图1-38所示。

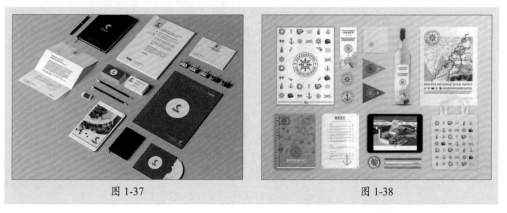

图 1-37   图 1-38

第2章

户外广告设计

本章概述

　　户外广告效益高、传播范围广，被广泛应用。广告创意不能因循守旧、墨守成规，而要勇于、善于标新立异、独辟蹊径。独创性的广告创意具有最大强度的心理突破效果。与众不同的新奇感引人注目，其鲜明的魅力会触发人们强烈的兴趣，能够在受众脑海中留下深刻的印象，长久地被记忆，这一系列心理过程符合广告传达的心理阶梯的目标。

要点难点

- 蒙版的创建与编辑 ★★★
- 图层混合模式 ★★☆
- 创建调整图层 ★★☆
- 绘制图形路径 ★☆☆

2.1 设计作品标签

为了更好地完成本设计案例，现对制作要求及设计内容做如下规划。

> **作品名称** 制作茶韵广告
>
> **作品尺寸** 200cm×100cm
>
> **作品说明** ①茶是中国最具特色的饮品，有悠久的文化底蕴。为了迎合年轻人的审美及展现茶文化的悠久历史，选用绿色茶园作为背景，吸引人们的目光。
>
> ②在茶园背后添加远山，烘托画面广阔；添加牛皮纸作为背景，增加悠久文化气息。
>
> ③添加毛笔形态的文字，和古色古香的茶具一起烘托主题。
>
> **应用软件** Photoshop、Illustrator
>
> **案例路径** 云盘\实例文件\第2章\制作茶韵广告

2.2 制作茶韵广告

本案例制作的是关于茶文化的户外广告，这类广告的显著特点就是具有强烈的民族文化特色并蕴含丰厚的文化底蕴，本例正是突出了这一特点。

2.2.1 制作广告背景

添加牛皮纸素材图像作为背景，通过复制图像并利用图层蒙版使图像巧妙结合，铺满整个画面。添加茶园素材图像并利用通道创建选区，删除天空部分。最后复制并调整茶园图像的角度，拼合图像。

步骤01 启动Photoshop，单击"新建"按钮，在弹出的"新建文档"对话框中设置参数，单击"创建"按钮即可，如图2-1所示。

> 💬 **技巧点拨**
>
> 新建文档的方法主要有以下三种：
> - 在"开始"工作区中单击"新建"按钮；
> - 执行"文件"|"新建"命令；
> - 按Ctrl+N组合键。

图 2-1

步骤 02 按Ctrl+'组合键显示网格，如图2-2所示。

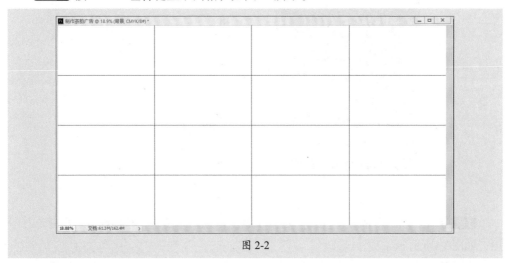

图 2-2

执行"编辑"|"首选项"|"参考线、网格和切片"命令，在弹出的"首选项"
对话框中可设置网格参数，如图2-3所示。

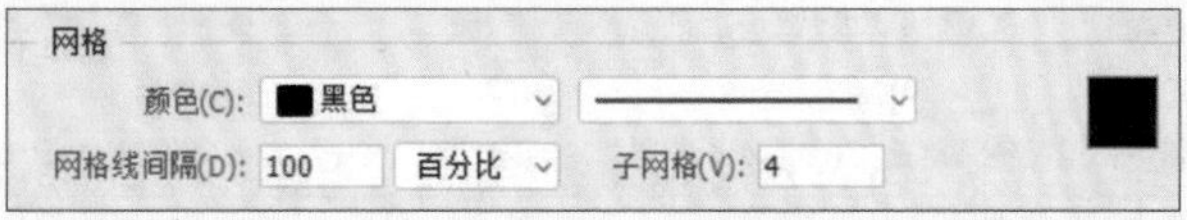

图 2-3

步骤 03 执行"文件"|"置入嵌入对象"命令，在弹出的"置入"对话框中选择"背
景"文件，按住Shift键等比例放大图像，按Enter键应用变换效果，如图2-4所示。

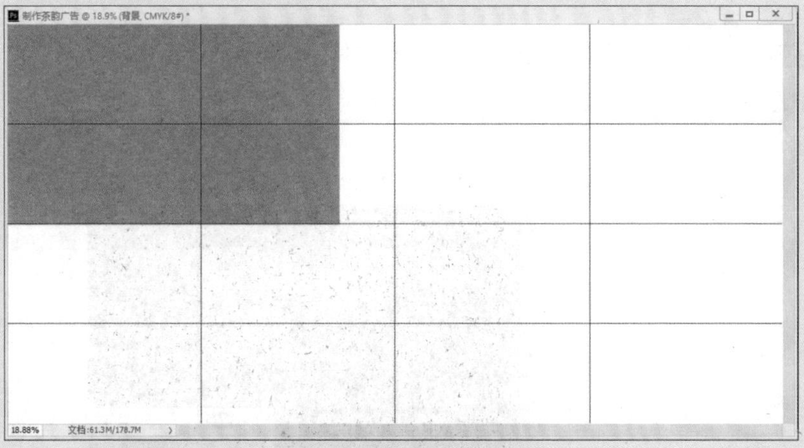

图 2-4

步骤 04 按Alt+Shift组合键复制图像并垂直向下移动图像的位置，按Ctrl+T组合键自
由变换图像，右击鼠标，在弹出的快捷菜单中选择"垂直翻转"命令，如图2-5所示。

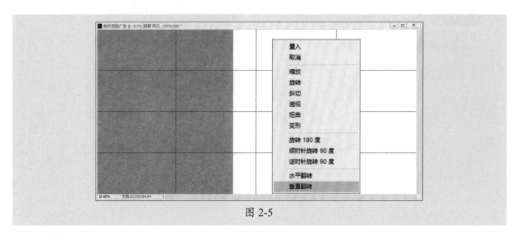

图 2-5

步骤 05 在"图层"面板中使用"选择工具"框选两个图层，按Ctrl+E组合键合并图层，如图2-6所示。

步骤 06 单击"图层"面板底部的"添加图层蒙版"按钮 ■，为图层添加蒙版，如图2-7所示。

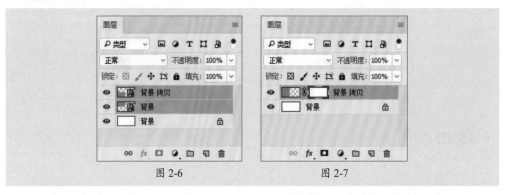

图 2-6   图 2-7

步骤 07 按住Alt键单击"图层蒙版缩览图"进入蒙版编辑区，选择"渐变工具"，在属性栏中选择"黑，白渐变"渐变，按住Shift键从左向右水平拖动鼠标绘制渐变，如图2-8所示。

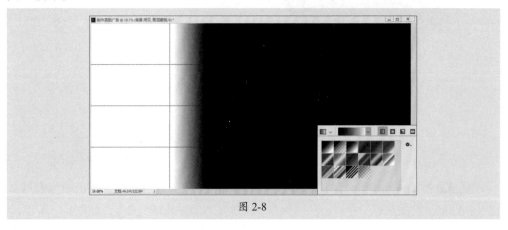

图 2-8

步骤 08 按住Alt键单击"图层蒙版缩览图"退出蒙版编辑区，效果如图2-9所示。

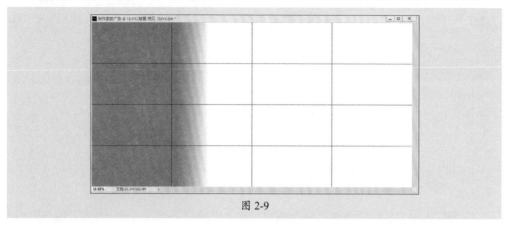

图 2-9

步骤 09 按住Alt+Shift组合键复制三组图层，如图2-10所示。

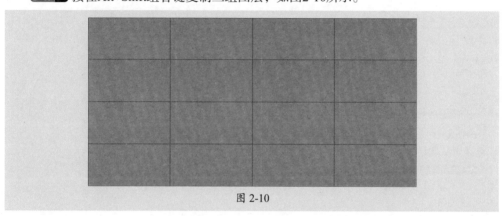

图 2-10

步骤 10 在"图层"面板中调整图层顺序，如图2-11、图2-12所示。

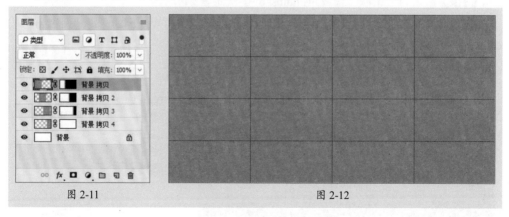

图 2-11   图 2-12

步骤 11 单击"图层"面板底部的"创建新的填充或调整图层"按钮 ⊙，在弹出的菜单中选择"亮度/对比度"命令，在打开的"属性"面板中设置"亮度"为35，"对比度"为100，如图2-13、图2-14所示。

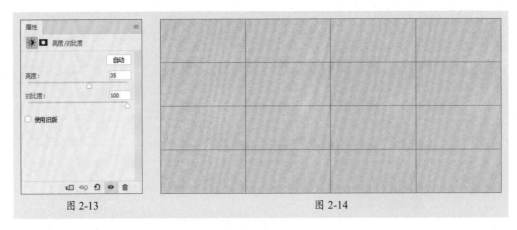

图 2-13　　　　　　　　　　图 2-14

步骤 12 创建"色相/饱和度"调整图层，在弹出的"属性"面板中选择"黄色"，调整"明度"为39，如图2-15、图2-16所示。

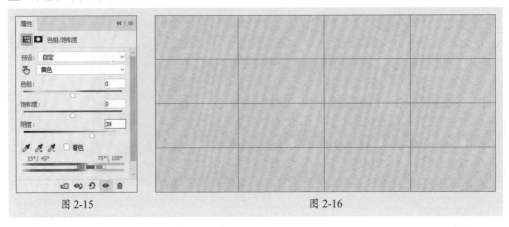

图 2-15　　　　　　　　　　图 2-16

步骤 13 将素材"茶园"拖放至Photoshop中，如图2-17所示。

步骤 14 在"通道"面板中选中"蓝"通道并将其拖至面板底部的"创建新通道"按钮 🔲 上，复制通道，如图2-18所示。

图 2-17　　　　　　　　　　图 2-18

步骤 15 执行"图像"|"调整"|"色阶"命令，或按Ctrl+L组合键，在弹出的"色阶"对话框中拖动滑块，如图2-19所示。

步骤 16 单击"确定"按钮，增强通道中图像黑白对比，如图2-20所示。

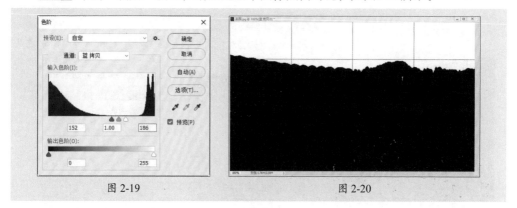

图 2-19   图 2-20

步骤 17 使用"快速选择工具"拖动选择黑色部分，按Shift+F5组合键，在弹出的"填充"对话框中选择"黑色"填充，如图2-21、图2-22所示。

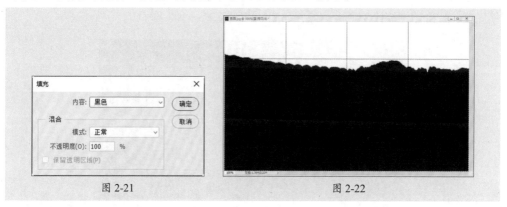

图 2-21   图 2-22

步骤 18 按住Ctrl键单击"蓝 拷贝"通道，将通道中的图像载入选区，选区更改为白色的部分，如图2-23所示。

步骤 19 单击RGB通道，效果如图2-24所示。

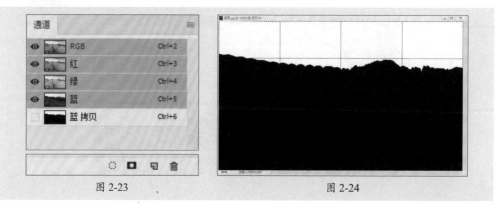

图 2-23   图 2-24

步骤20 回到"图层"面板，按Ctrl+Shift+I组合键反选选区，或在页面上右击鼠标，在弹出的快捷菜单中选择"反向"命令，效果如图2-25所示。

步骤21 按Ctrl+J组合键复制选区，如图2-26所示。

图 2-25　　　　　　　　　　　　　　图 2-26

步骤22 拖动复制的"图层1"至"制作茶韵广告"文档中，按Ctrl+T组合键自由变换图像，按Shift键等比例放大图像，如图2-27所示。

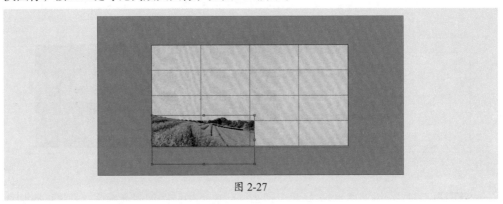

图 2-27

步骤23 按住Alt键复制图像，按Ctrl+T组合键自由变换图像，右击鼠标，在弹出的快捷菜单中选择"水平翻转"命令，如图2-28所示。

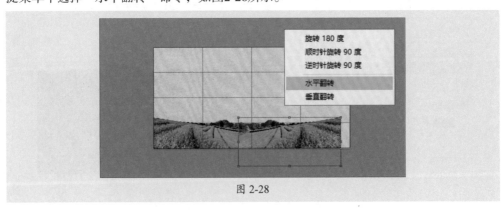

图 2-28

步骤 24 按住Shift键等比例放大并旋转图像，如图2-29所示。

图 2-29

步骤 25 调整图层顺序，选中"图层1"并单击"图层"面板底部的"添加图层蒙版"按钮 ◘ ，如图2-30所示。

步骤 26 设置前景色为黑色，选择"画笔工具"，设置画笔大小为250像素、硬度为0%、柔边缘画笔，单击蒙版缩览图，涂抹隐藏叠加图像，如图2-31所示。

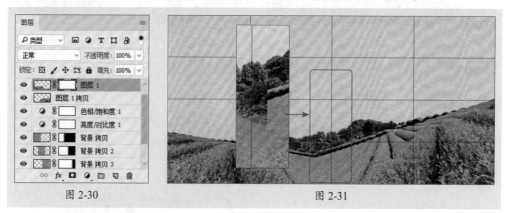

图 2-30

图 2-31

2.2.2 添加主体图像

添加茶具和远山图像，丰富画面。然后绘制色斑，通过图层混合模式的调整，晕染画面的颜色，增加画面的时尚感和神秘感。

步骤 01 将素材"茶具"拖放至Photoshop中，如图2-32所示。

步骤 02 执行"窗口"|"路径"命令，在弹出的面板中单击底部的"创建新路径"按钮 ▣ ，新建"路径 1"，如图2-33所示。

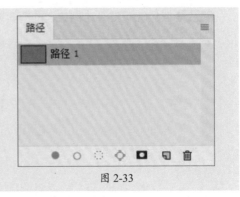

图 2-32   图 2-33

步骤 03 选择"钢笔工具" ✐，沿茶杯和茶壶绘制路径，如图2-34所示。

步骤 04 继续绘制路径，在属性栏中调整路径操作模式为"减去顶层形状"，如图2-35所示。

图 2-34   图 2-35

步骤 05 按住Alt键单击"路径"面板底部的"将路径作为选区载入"按钮 ⊙，在弹出的"建立选区"对话框中将"羽化半径"设置为0像素，如图2-36、图2-37所示。

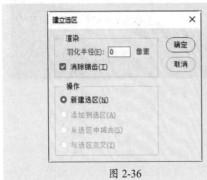

图 2-36   图 2-37

💬 **技巧点拨**

按Ctrl +Enter组合键，可以快速建立选区。

步骤 06 拖动选区至"制作茶韵广告"文档中，按Ctrl+T组合键自由变换图像，按住Shift键等比例放大图像，如图2-38所示。

图 2-38

步骤 07 右击鼠标，在弹出的快捷菜单中选择"水平翻转"命令，如图2-39所示。

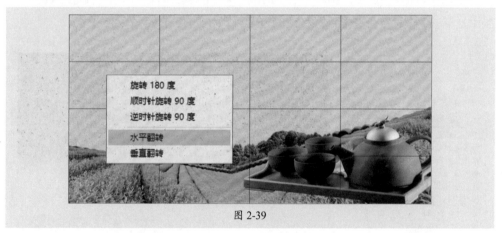

图 2-39

步骤 08 单击"图层"面板底部的"添加图层样式"按钮 *fx*，在弹出的菜单中选择"投影"命令，在打开的"图层样式"对话框中进行设置，如图2-40所示。

图 2-40

步骤 09 在"效果"图标上右击鼠标，在弹出的快捷菜单中选择"创建图层"命令，如图2-41所示。在弹出的提示框中单击"确定"按钮，分离图层样式，如图2-42所示。

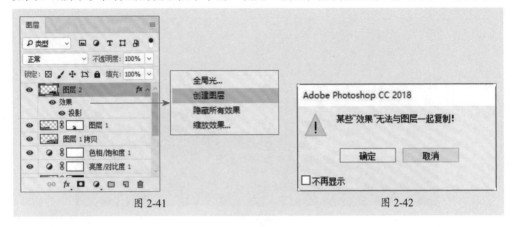

图 2-41   图 2-42

步骤 10 为上步创建的图层样式所在图层添加图层蒙版，如图2-43所示。

步骤 11 按住Alt键单击图层蒙版缩览图，进入蒙版编辑区，使用"渐变工具"在蒙版中从下至上创建黑白渐变，如图2-44所示。

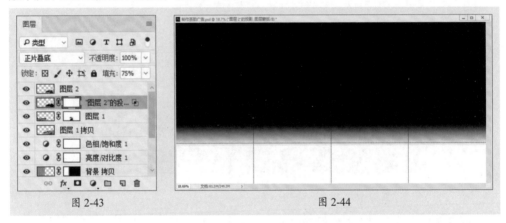

图 2-43   图 2-44

步骤 12 按住Alt键单击图层蒙版缩览图，退出蒙版编辑区，如图2-45所示。

图 2-45

步骤 13 将素材"山"拖放至Photoshop中，执行"图像"|"调整"|"去色"命令，或按Ctrl+Shift+U组合键，将彩色图像转换为黑白图像，如图2-46所示。

图 2-46

步骤 14 拖动该图层至"制作茶韵广告"文档中，按Ctrl+T组合键自由变换图像，按住Shift键等比例放大图像，如图2-47所示。

图 2-47

步骤 15 在"图层"面板中调整图层顺序，更改图层混合模式为"正片叠底"，"不透明度"为80%，如图2-48、图2-49所示。

图 2-48

图 2-49

步骤 **16** 单击"图层"面板底部的"创建新图层"按钮 🖳，新建图层，如图2-50所示。

步骤 **17** 设置前景色为蓝色（C：70、M：58、Y：35、K：0），选择"画笔工具"绘制如图2-51所示的效果。

图 2-50   图 2-51

💬 **技巧点拨**

使用画笔时，可按]键或[键调整画笔大小。

步骤 **18** 更改图层混合模式为"叠加"，如图2-52、图2-53所示。

图 2-52   图 2-53

步骤 **19** 新建图层，分别将前景色设置为紫色（C：29、M：62、Y：2、K：0）和黄色（C：15、M：5、Y：84、K：1），在茶具上方绘制如图2-54所示效果。

图 2-54

步骤 20 将紫色图层的图层混合模式改为 "柔光",将黄色图层的图层混合模式改为 "正片叠底",如图2-55、图2-56所示。

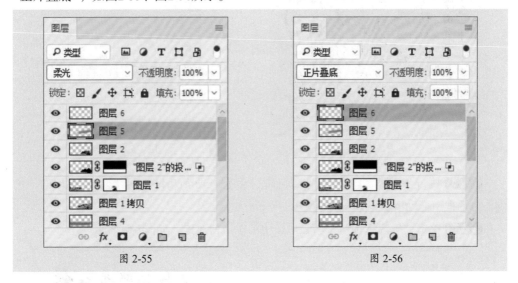

图 2-55   图 2-56

步骤 21 应用效果如图2-57所示。

图 2-57

2.2.3 添加文字效果

置入文字作为背景装饰。添加毛笔样式的文字,烘托文化氛围。为文字添加茶韵图像,增强现代艺术气息。

步骤 01 将素材 "毛笔字" 拖放至Photoshop中,如图2-58所示。

步骤 02 在 "通道" 面板中选中 "绿" 通道,并将其拖至面板底部的 "创建新通道" 按钮 🔲 上,复制通道,如图2-59所示。

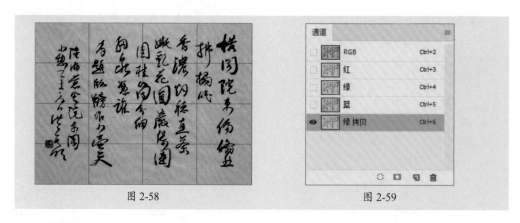

图 2-58 图 2-59

步骤 03 执行"图像"|"调整"|"色阶"命令，或按Ctrl+L组合键，在弹出的"色阶"对话框中拖动滑块，如图2-60所示。

步骤 04 单击"确定"按钮，增强通道中图像黑白对比，如图2-61所示。

图 2-60 图 2-61

步骤 05 按住Ctrl键单击"绿 拷贝"通道，将通道中的图像载入选区，选区更改为选中白的部分，如图2-62所示。

步骤 06 单击RGB通道，回到"图层"面板，按Ctrl+Shift+I组合键反选选区，或在页面上右击鼠标，在弹出的快捷菜单中选择"反向"命令，如图2-63所示。

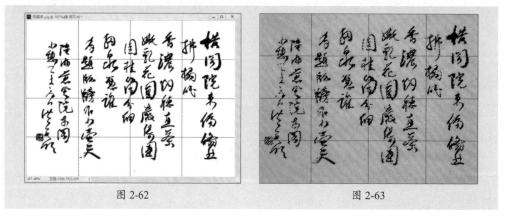

图 2-62 图 2-63

步骤 07 将复制的"图层1拷贝"移至"制作茶韵广告"文档中，按Ctrl+T组合键自由变换图像，按住Shift键等比例放大图像，如图2-64所示。

图 2-64

步骤 08 将图层的图层混合模式改为"颜色减淡"，如图2-65所示。

步骤 09 按住Alt键复制文字图层并放至合适位置，如图2-66所示。

图 2-65   图 2-66

步骤 10 选择"横排文字工具"，输入文字"舌"，在"字符"面中设置字体为"汉仪行楷简"、字号为1296点，如图2-67、图2-68所示。

图 2-67   图 2-68

步骤 11 继续输入字号为880点的"尖"和"上"，字号为640点的"的"，字号为1300点的"茶"，字号为710的"韵"，如图2-69所示。

步骤 12 按住Shift键选择文字图层，按Ctrl+J组合键复制图层，按Ctrl+E组合键合并图层，如图2-70所示。

图 2-69   图 2-70

步骤 13 按住Shift键选择文字图层，单击"图层"面板底部的"创建新组"按钮 ，单击"指示图层可见性"按钮 隐藏图层，如图2-71所示。

步骤 14 执行"文件"|"置入嵌入对象"命令，置入素材图像"茶叶"，按住Shift键等比例放大，如图2-72所示。

图 2-71   图 2-72

步骤 15 按Ctrl+Alt+G组合键创建剪贴蒙版，如图2-73、图2-74所示。

图 2-73   图 2-74

步骤 16 分别创建"色彩平衡"与"色相/饱和度"调整图层，在弹出的"属性"面板中调整参数，如图2-75~图2-77所示。

图 2-75　　　　　　　　　图 2-76　　　　　　　　　图 2-77

步骤 17 选中两个调整图层，按Ctrl+Alt+G组合键创建剪贴蒙版，如图2-78所示。

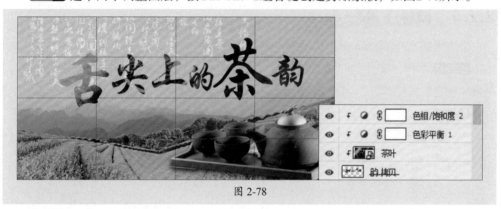

图 2-78

步骤 18 选择"横排文字工具"，输入文字"舌尖上的茶韵 | 舌尖上的中国 | 特色茗茶"，在"字符"面中设置字体为"思源宋体CN"、字号为90点、字距为200，如图2-79、图2-80所示。

图 2-79　　　　　　　　　　　　图 2-80

步骤 19 选择"横排文字工具",输入上步骤文字相对应的拼音字符,在"字符"面板中更改字号为48点、字距为0,如图2-81所示。

步骤 20 使用"选择工具"选中两段字符,在属性栏中单击"水平居中对齐"按钮，如图2-82所示。

图 2-81   图 2-82

2.2.4 设计主体标志

接下来需打开Illustrator设计与制作主体标志。

步骤 01 执行"文件"|"新建"命令,在弹出的"新建文档"对话框中设置参数,单击"创建"按钮即可,如图2-83所示。

步骤 02 按Ctrl+'组合键显示网格,如图2-84所示。

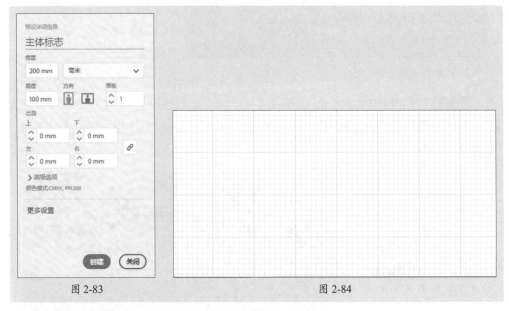

图 2-83   图 2-84

步骤 03 选择"钢笔工具" 绘制图形路径,填充色为绿色(C:84、M:42、Y:100、K:4),描边为无,如图2-85所示。

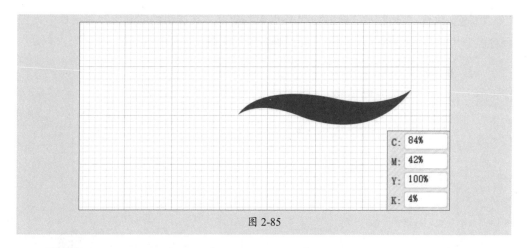

图 2-85

步骤 04 继续绘制图形路径，更改填充色为深绿色（C：88、M：60、Y：86、K：36），描边为无，如图2-86所示。

图 2-86

步骤 05 选择"文字工具" **T**，输入文字"中茗茶业"，在"字符"面板中设置字体、字号以及字距，如图2-87所示。

图 2-87

步骤 06 执行"文件"|"导出"|"导出为"命令，在弹出的"导出"对话框中设置保存类型为PNG（*.PNG），勾选"使用画板"复选框，如图2-88所示。

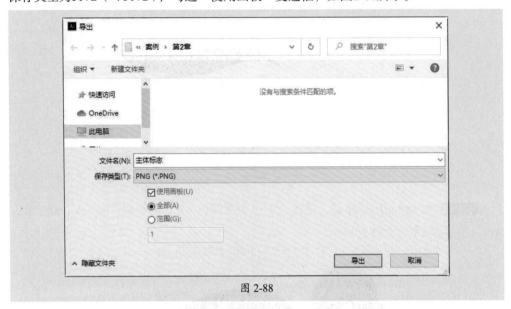

图 2-88

步骤 07 单击"导出"按钮，在弹出的"PNG选项"对话框中设置参数，如图2-89所示。

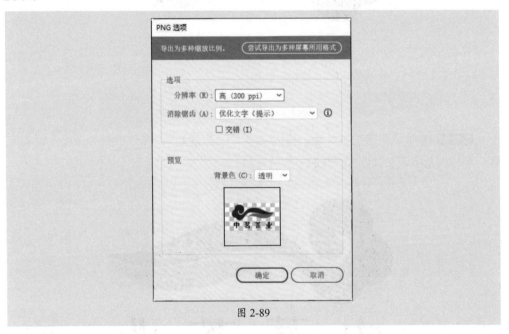

图 2-89

步骤 08 回到Photoshop中，执行"文件"|"置入嵌入对象"命令，置入素材图像"主体标志"，移动至左上方，如图2-90所示。

图 2-90

步骤 09 按Ctrl+Shift+S组合键，在弹出的"另存为"对话框中将图像保存为JPEG格式文件，如图2-91所示。按Ctrl+W组合键退出文档。

图 2-91

步骤 10 将素材文件拖动到Photoshop中，如图2-92所示。

图 2-92

步骤 11 将素材文件拖动到Photoshop中，按Ctrl+A组合键全选图像，按Ctrl+C组合键复制图像，如图2-93所示。

图 2-93

步骤 12 在"图层"面板中单击"创建新图层"按钮 ，新建空白图层，如图2-94所示。

图 2-94

步骤 13 执行"滤镜"|"消失点"命令,在弹出的对话框中使用"创建平面工具" ⊞
创建平面,如图2-95所示。

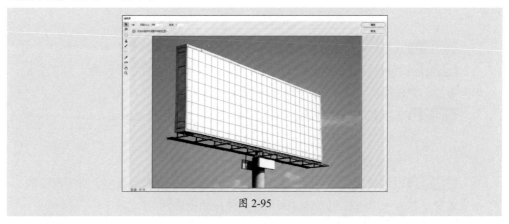

图 2-95

步骤 14 按Ctrl+V组合键粘贴图像,按Ctrl+T组合键调整图像,如图2-96所示。

图 2-96

步骤 15 按Ctrl+Shift+S组合键保存JPEG格式图像,如图2-97所示。

图 2-97

至此,完成户外广告海报的制作。

项目练习

案例路径 云盘\实例文件\第2章\项目练习\制作大米户外广告

项目背景 某食品有限公司新进一批大米，以养生的理念推向市场。为增强市场竞争力，委托本部设计户外广告，以扩大宣传。

项目要求 ①版式布局要舒适、轻松，风格要清新，色彩要鲜明。

②突出宣传内容。

③设计规格为200cm×100cm。

项目分析 整体效果为小麦水稻的黄色系，背景选择牛皮纸铺垫，搭配渐变的小麦效果，添加大米图像和主体文字信息，使画面更协调。

项目效果 图2-98、图2-99。

图 2-98

图 2-99

课时安排 2课时。

第 3 章

电商banner
设计

本章概述

随着科技的发展，网购已经变成了购物的主要途径。网店的装修相当于店的门面，门面大不大气，能不能留住顾客的眼睛，要看店主有没有设计思路，这就不得不提店铺的banner了。电商banner设计是指网站页面的横幅广告，banner主要体现中心意旨，形象鲜明地表达最主要的情感思想或宣传中心。

要点难点

- 符号的应用 ★☆☆
- 放射状效果的制作 ★★☆
- 绘制闭合路径 ★☆☆

3.1　设计作品标签

为了更好地完成本设计案例，现对制作要求及设计内容做如下规划。

作品名称 电商banner

作品尺寸 1920px × 700px

作品说明 ①网购中顾客大多是通过一张banner进入店铺，再浏览活动与商品信息，所以店铺的banner尤为重要。

②banner整体为波普风，背景选用鲜艳的黄色，再加上波点、放射状效果。添加波普效果的人物，与整体背景效果颜色相呼应。

③添加文字，制作描边效果。添加小物品进行装饰。

应用软件 Photoshop、Illustrator

案例路径 云盘\实例文件\第3章\电商banner

3.2　制作电商banner

本案例制作波普风效果的电商活动banner，背景选用鲜艳、醒目的黄色，再绘制波点与放射状效果。添加对比色的波普特色人物，输入文字信息，制作描边效果，最后添加小物品进行装饰。

3.2.1　制作banner背景

利用Illustrator制作黄色背景，叠加波点效果。利用Photoshop创建渐变图层，利用滤镜制作放射效果。

步骤 01 启动Illustrator，单击"新建"按钮，在弹出的"新建文档"对话框中设置参数，单击"创建"按钮即可，如图3-1所示。

图 3-1

步骤 02 选择"矩形工具"绘制矩形，填充黄色（R：253、G：231、B：47），描边为无，如图3-2所示。

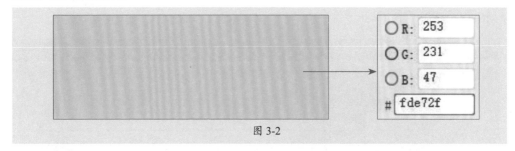

图 3-2

步骤 03 执行"窗口"|"符号"命令，弹出"符号"面板，如图3-3所示。

步骤 04 单击面板右上方的菜单按钮 ≣，在弹出的菜单中选择"打开符号库"|"点状图案矢量包"选项，弹出"点状图案矢量包"面板，单击"点状图案矢量包12"按钮，如图3-4所示。

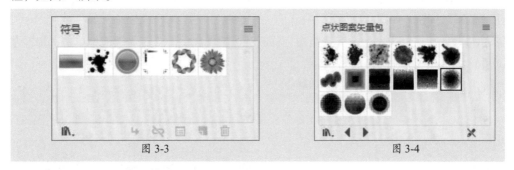

图 3-3　　　　　　　　　　　　　　　　　图 3-4

步骤 05 单击"符号喷枪工具"🔳，在画面右上方单击创建符号，按住Shift键等比例调整放大，如图3-5所示。

步骤 06 单击属性栏中的"不透明度"项，在弹出下拉列表中将混合模式设置为"叠加"，如图3-6所示。

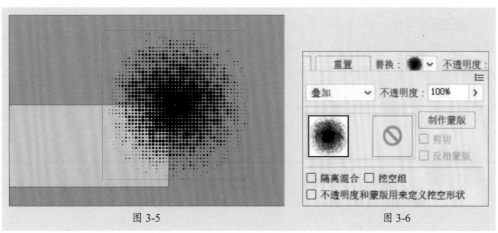

图 3-5　　　　　　　　　　　　　　　　　图 3-6

步骤 07 选择"矩形工具"绘制矩形，如图3-7所示。

步骤 08 按住Shift键，右击鼠标，在弹出的菜单中选择"建立剪贴蒙版"选项，如图3-8所示。

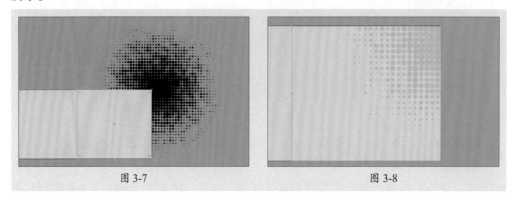

图 3-7   图 3-8

步骤 09 双击"旋转工具" ↻，在弹出的"旋转"对话框中设置"角度"为180°，单击"复制"按钮，如图3-9所示。

步骤 10 按住Shift键加选背景矩形，释放Shift键再次单击，在属性栏中单击"水平左对齐"按钮 ▪，如图3-10所示。

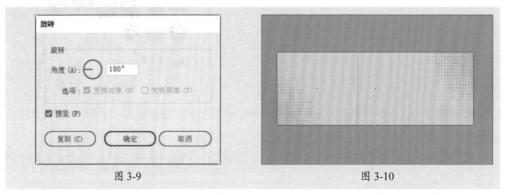

图 3-9   图 3-10

步骤 11 启动Photoshop，单击"新建"按钮，在弹出的"新建文档"对话框中设置参数，单击"创建"按钮即可，如图3-11所示。

图 3-11

步骤 12 单击前景色色块，在弹出的"拾色器（前景色）"对话框中设置参数，如图3-12所示。

步骤 13 单击背景色色块，在弹出的"拾色器（背景色）"对话框中设置参数，如图3-13所示。

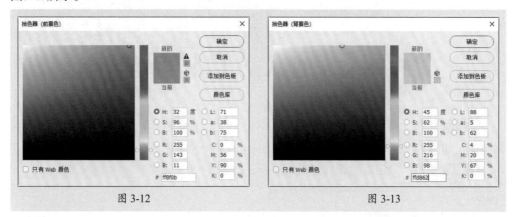

图 3-12   图 3-13

步骤 14 选择"渐变工具" ▣，单击渐变颜色条，选择"前景色到背景色渐变"，如图3-14所示。

步骤 15 在页面上，按住Shift键从下至上创建渐变，如图3-15所示。

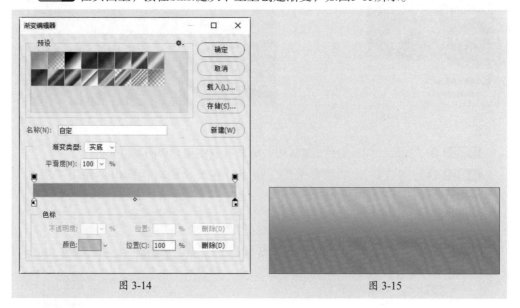

图 3-14   图 3-15

步骤 16 执行"滤镜"｜"扭曲"｜"波浪"命令，在弹出的"波浪"对话框中设置参数，如图3-16所示。

步骤 17 单击"确定"按钮，效果如图3-17所示。

49

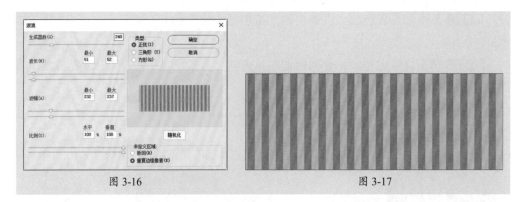

图 3-16   图 3-17

步骤 **18** 执行"滤镜"|"扭曲"|"极坐标"命令，在弹出的"极坐标"对话框中设置参数，如图3-18所示。

步骤 **19** 单击"确定"按钮后，效果如图3-19所示。

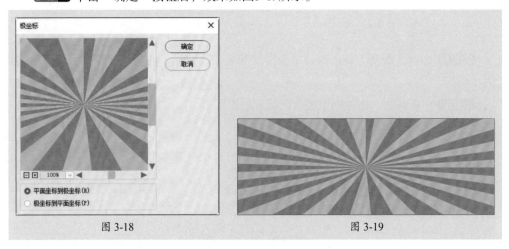

图 3-18   图 3-19

步骤 **20** 在"图层"面板中单击🔒按钮，解锁背景图层，如图3-20所示。

步骤 **21** 执行"选择"|"色彩范围"命令，在弹出的对话框中，使用"吸管工具"🖊吸取黄色颜色，如图3-21所示。

图 3-20   图 3-21

步骤 22 按Delete键删除选区，按Ctrl+D组合键取消选区，如图3-22所示。

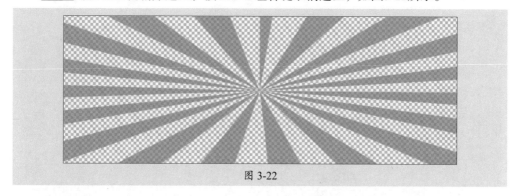

图 3-22

步骤 23 在"图层"面板中，右击面板底部的"创建新的填充或调整图层"按钮 ◉，在弹出的菜单中选择"纯色"选项，在弹出的"拾色器"对话框中选择白色进行填充，按Ctrl+Alt+G组合键创建剪贴蒙版，如图3-23所示。

步骤 24 按Shift+Ctrl+S组合键，在弹出的对话框中存储为PNG格式的图像，如图3-24所示。

图 3-23   图 3-24

步骤 25 回到Illustrator，执行"文件"|"置入"命令，置入放射状图像，在属性栏中单击"嵌入"按钮，如图3-25所示。

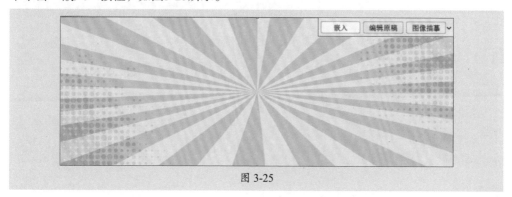

图 3-25

步骤 26 在属性栏中调整不透明度为50%，如图3-26所示。

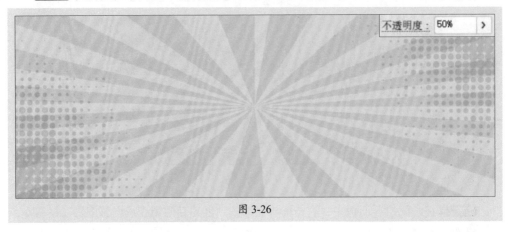

图 3-26

步骤 27 在"图层"面板中选中两个符号图层，按Ctrl+G组合键创建编组，如图3-27所示。

步骤 28 按住Alt键拖动图层至面板底部的"创建新图层"按钮复制图层，移动该图层至最顶层，如图3-28所示。

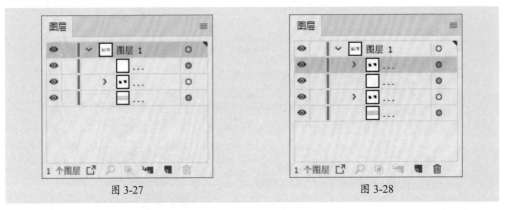

图 3-27　　　　　　　　　　　　　图 3-28

步骤 29 在属性栏中调整不透明度为50%，如图3-29所示。

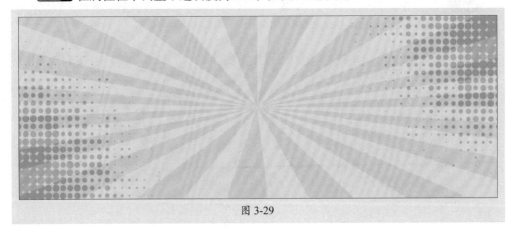

图 3-29

3.2.2　制作装饰与文字部分

利用Photoshop调整波普人物的发色为紫色，在原文档中添加文字，置入小物品进行装饰。

步骤 01 将素材文件拖动到Photoshop，如图3-30所示。

步骤 02 在"图层"面板中单击🔒按钮，解锁背景图层，如图3-31所示。

图 3-30　　　　　　　　　　　　　　　　图 3-31

步骤 03 选择"快速选择工具"拖动选择背景部分，如图3-32所示。

步骤 04 按Delete键删除选区，按Ctrl+D组合键取消选区，如图3-33所示。

图 3-32　　　　　　　　　　　　　　　　图 3-33

步骤 05 执行"选择"|"色彩范围"命令，在弹出的对话框中选择"吸管工具"吸取头发的颜色，如图3-34所示。

步骤 06 在"图层"面板中单击"创建新的填充或调整图层"按钮，在弹出的菜单中选择"色相/饱和度"选项，在弹出的对话框中选择"黄色"进行设置，如图3-35所示。

图 3-34　　　　　　　　　　　　　　　　　图 3-35

步骤 07 效果如图3-36所示。

步骤 08 按Ctrl+D组合键取消选区，按Shift+Ctrl+S组合键，在弹出的对话框中存储为PNG格式的图像，如图3-37所示。

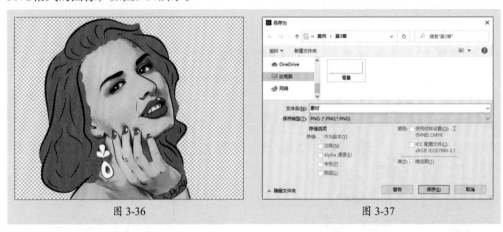

图 3-36　　　　　　　　　　　　　　　　　图 3-37

步骤 09 回到Illustrator，执行"文件"|"置入"命令，置入素材图像，当光标变为形状时旋转图像，如图3-38所示。

步骤 10 选择"矩形工具"绘制矩形，如图3-39所示。

图 3-38　　　　　　　　　　　　　　　　　图 3-39

步骤11 按住Shift键加选人物，右击鼠标，在弹出的菜单中选择"建立剪贴蒙版"选项，如图3-40所示。

步骤12 选择"文字工具"，输入文字"店庆低价"，如图3-41所示。

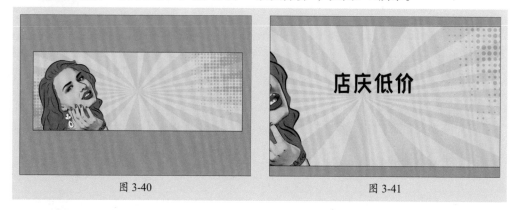

图 3-40   图 3-41

步骤13 在"字符"面板中设置参数，在属性栏中设置填充颜色，描边为0.75pt、黑色，如图3-42、图3-43所示。

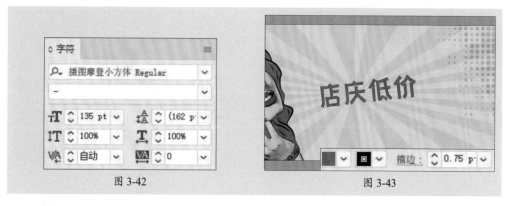

图 3-42   图 3-43

步骤14 按住Alt键复制移动并更改文字填充颜色和描边值，按Ctrl+[组合键将文字后移一层，如图3-44所示。

步骤15 选中两组文字，按住Alt键复制移动，如图3-45所示。

图 3-44   图 3-45

步骤 16 更改文字内容，如图3-46所示。

步骤 17 选择"钢笔工具"绘制路径，填充颜色为无，描边为5pt、黑色，如图3-47所示。

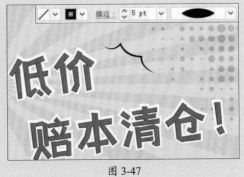

图 3-46   图 3-47

步骤 18 按住Alt键复制移动路径，并调整方向，如图3-48所示。

步骤 19 选择"钢笔工具"绘制闭合路径，填充黑色，描边为无，如图3-49所示。

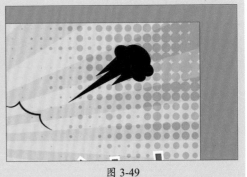

图 3-48   图 3-49

步骤 20 按住Alt键复制移动闭合路径，更改填充颜色为白色并调整方向与大小，按住Shift键加选黑色形状，按Ctrl+G组合键创建编组，如图3-50所示。

步骤 21 按住Alt键复制移动编组闭合路径，并调整方向与大小，如图3-51所示。

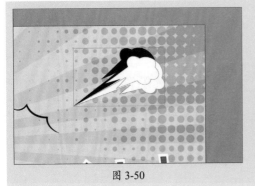

图 3-50   图 3-51

步骤 22 选择 "圆角矩形工具" 绘制矩形, 在属性栏中单击 "形状" 项, 在下拉列表中设置参数, 如图3-52、图3-53所示。

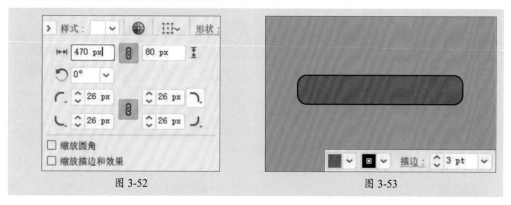

图 3-52   图 3-53

步骤 23 按住Alt键复制移动矩形, 在属性栏中更改填充颜色为白色, 单击 "形状" 项, 在下拉列表中设置参数, 如图3-54、图3-55所示。

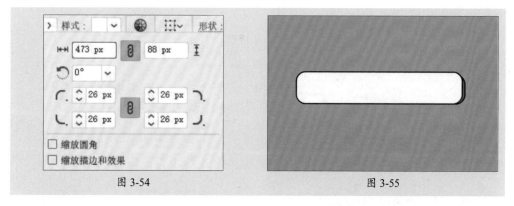

图 3-54   图 3-55

步骤 24 按Ctrl+[组合键将深色矩形后移一层, 如图3-56所示。

步骤 25 选择 "文字工具", 输入文字 "全场满300立减60", 如图3-57所示。

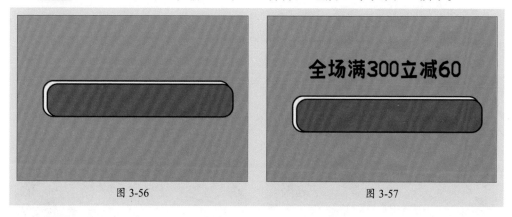

图 3-56   图 3-57

步骤 26 更改文字填充颜色为白色, 描边为1pt、黑色, 在 "字符" 面板中更改参数, 如图3-58、图3-59所示。

图 3-58   图 3-59

步骤 27 框选文字和圆角矩形，按Ctrl+G组合键创建编组，移动并更改旋转角度，如图3-60所示。

步骤 28 执行"文件"|"置入"命令，在弹出的对话框中，按住Ctrl键选中部分素材文件，如图3-61所示。

图 3-60   图 3-61

步骤 29 依次拖动置入素材，如图3-62所示。

步骤 30 调整素材摆放位置与方向，如图3-63所示。

图 3-62   图 3-63

步骤 31 选择"矩形工具"绘制矩形，如图3-64所示。

步骤 32 按住Shift键加选碟片图形，右击鼠标，在弹出的菜单中选择"建立剪贴蒙版"选项，如图3-65所示。

图 3-64 图 3-65

步骤 33 整体调整，如图3-66所示。

图 3-66

至此，完成电商banner的制作。

读 书 笔 记

项目练习

案例路径 云盘\实例文件\第3章\项目练习\制作活动banner

项目背景 家居势力周活动即将开始，受某App所托，为其制作活动banner，以吸引顾客前来购买。

项目要求 ①家居类店铺产品多样，无法对其简单归类，在海报上可展示部分产品，吸引顾客的好奇心。

②在海报中绘制展示商品区，更直观地展现店铺的销售商品范围。

③设计规格为1920px×700px。

项目分析 首先填充灰色背景并添加图案，添加素材图像并利用蒙版制作渐隐效果。使用基本绘图工具绘制图形，置入产品素材创建剪贴蒙版，最后输入活动基本信息，完成banner的制作。

项目效果 图3-67。

图 3-67

课时安排 2课时。

第 **4** 章

标志设计

本章概述

　　标志是现代科技的产物，它将事物本身具体或抽象的各个元素通过特殊的图形固定下来，使人们在看到标志时产生联想，从而对所代表的企业或其他载体产生认同。标志与企业的经营紧密相关，是企业日常活动、广告宣传、文化建设、对外交流等必不可少的元素。本章将向读者讲述标志设计的一些基本常识，并使读者在一个标志的具体设计过程中，掌握标志设计的方法和技巧。

要点难点

● 制作金属纹理 ★☆☆
● 制作标志 ★★☆
● 制作模板样式 ★☆☆

4.1 设计作品标签

为了更好地完成本设计案例,现对制作要求及设计内容做如下规划。

作品名称 未来金街铺标志设计

作品尺寸 60cm×80cm

作品说明 ①标志为未来金街首字母V立体字体,识别性强。

②标志外形接近超人的标志,代表金街的超能力。

③标志外观运用贴金效果,高档奢华。

应用软件 Photoshop、Illustrator

案例路径 云盘\实例文件\第4章\未来金街铺标志设计

4.2 制作金街铺标志

本章要制作的是商业街标志,该类标志的显著特点就是大气和奢华,其一是识别性强,其二是有浓重的商业氛围。

4.2.1 制作纹理效果

在Photoshop中制作好标志所要用到的图像效果纹理。

步骤 01 执行"文件"|"新建"命令,在弹出的"新建文档"对话框中进行设置,单击"创建"按钮,新建文档,如图4-1所示。

步骤 02 按D键恢复默认的前景色和背景色,执行"滤镜"|"渲染"|"云彩"命令,如图4-2所示。

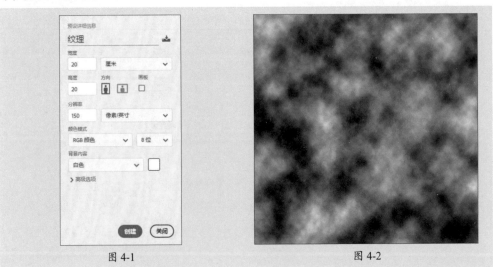

图 4-1 图 4-2

步骤 03 执行"滤镜"|"渲染"|"分层云彩"命令,如图4-3所示。

步骤 04 按Alt+Ctrl+F组合键再次执行"分层云彩"命令,如图4-4所示。

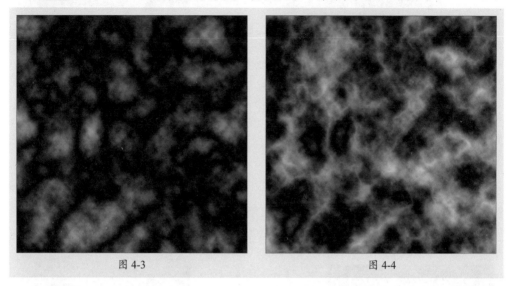

图 4-3   图 4-4

步骤 05 执行"滤镜"|"渲染"|"光照效果"命令,在"属性"面板中单击颜色色块,在弹出的"拾色器(光照颜色)"对话框中设置参数,如图4-5所示。单击"确定"按钮,回到"属性"面板设置参数,如图4-6所示。

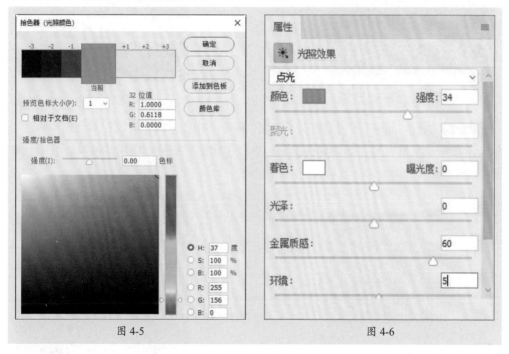

图 4-5   图 4-6

步骤 06 按住Ctrl+Alt组合键调整光照范围,如图4-7所示。在属性栏中单击"确定"按钮应用光照效果,如图4-8所示。

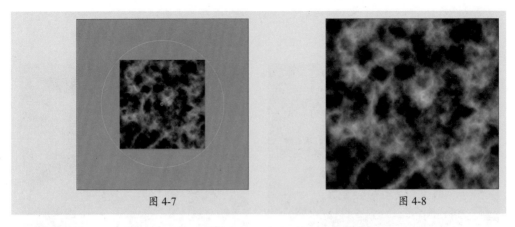

图 4-7　　　　　　　　　　　　　　　　　图 4-8

步骤07 执行"滤镜"|"滤镜库"命令，在弹出的对话框中选择"艺术效果"|"塑料包装"选项，在最右侧将三个滑块拖动至最右端，如图4-9所示。

步骤08 单击"确定"按钮，应用滤镜效果，如图4-10所示。

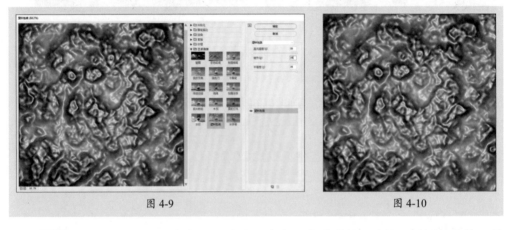

图 4-9　　　　　　　　　　　　　　　　　图 4-10

步骤09 执行"滤镜"|"扭曲"|"波纹"命令，在弹出的"波纹"对话框中将"数量"滑块拖动至最右端，如图4-11所示。单击"确定"按钮，应用"波纹"效果，如图4-12所示。

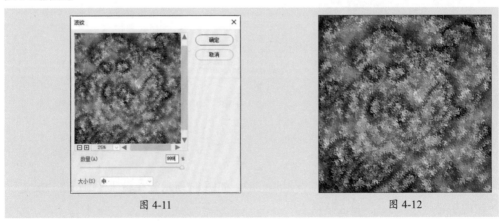

图 4-11　　　　　　　　　　　　　　　　　图 4-12

步骤⑩ 执行"滤镜"|"滤镜库"|"玻璃"命令，在弹出的对话框中设置玻璃效果，如图4-13所示。

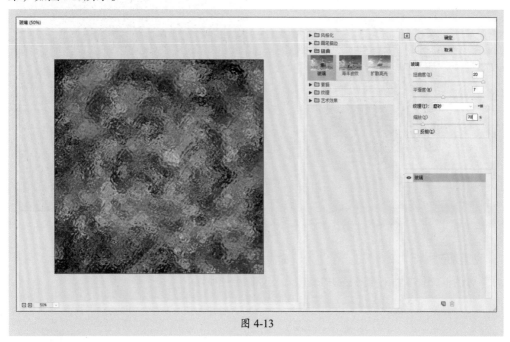

图 4-13

步骤⑪ 单击"确定"按钮，应用玻璃效果，如图4-14所示。

步骤⑫ 执行"滤镜"|"渲染"|"光照效果"命令，在"属性"面板中调整参数，如图4-15所示。

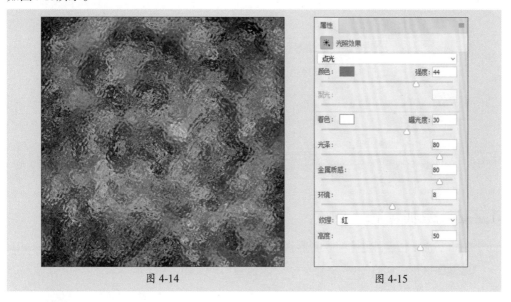

图 4-14   图 4-15

步骤⑬ 拖动调整光照范围，如图4-16所示。

步骤⑭ 在属性栏中单击"确定"按钮应用光照效果，如图4-17所示。

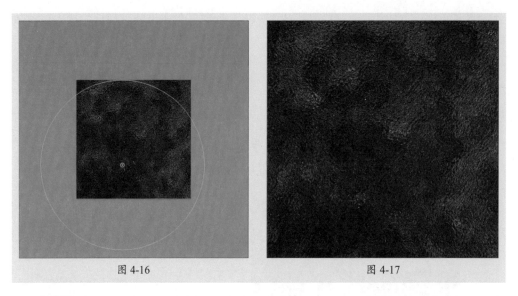

图 4-16　　　　　　　　　　　　　　　图 4-17

步骤 15 执行"文件"|"存储为"命令，或按Ctrl+Shift+S组合键，在弹出的"另存为"对话框中设置保存类型为JPEG格式，如图4-18所示。

图 4-18

4.2.2　绘制标志

在Illustrator中绘制主体标志的形状，填充纹理效果。

步骤 01 执行"文件"|"新建"命令，在弹出的"新建文档"对话框中进行设置，单击"创建"按钮，新建文档，如图4-19所示。

步骤 02 执行"文件"|"置入"命令，拖动置入素材图像"纹理"，单击属性栏中的"嵌入"按钮，如图4-20所示。

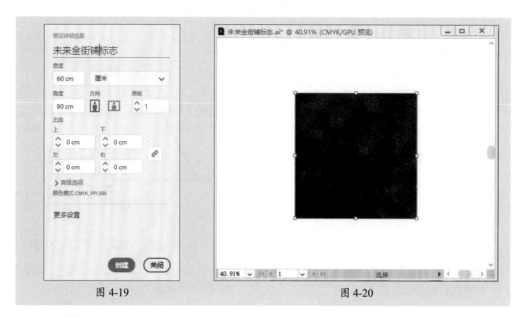

图 4-19   图 4-20

步骤 03 执行"窗口"|"符号"命令，在弹出的"符号"面板中单击底部的"新建符号"按钮■，在弹出的"符号选项"对话框中设置参数，如图4-21所示。

步骤 04 单击"确定"按钮，将"纹理"创建为符号，如图4-22所示。

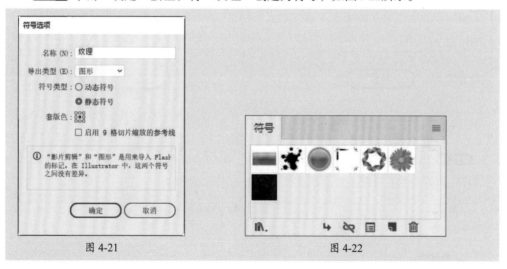

图 4-21   图 4-22

知识链接

将图像在"符号"面板中创建为符号后，便可删除原图像。

步骤 05 选择"多边形工具"●，在页面中单击，在弹出的"多边形"对话框中设置"半径"为17cm的三角形，如图4-23所示。单击"确定"按钮，创建三角形。

步骤 06 在工具箱中设置填色为无，描边为橙色（C：0、M：58、Y：91、K：0），在属性栏中将描边大小设置为20pt，如图4-24所示。

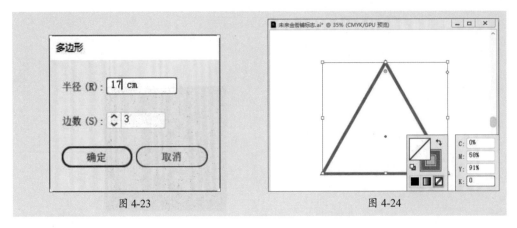

图 4-23　　　　　　　　　　　　　　　图 4-24

步骤 07 执行"效果"|"风格化"|"圆角"命令，在弹出的"圆角"对话框中设置"半径"为9.5cm，如图4-25所示。

步骤 08 单击"确定"按钮，应用圆角效果，如图4-26所示。

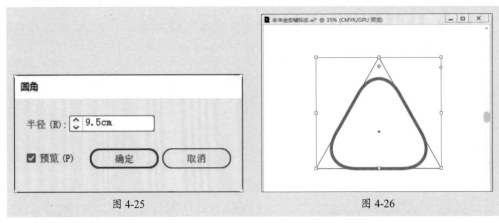

图 4-25　　　　　　　　　　　　　　　图 4-26

步骤 09 执行"效果"|3D|"凸出和斜角"命令，在弹出的"3D凸出和斜角选项"对话框中设置参数，如图4-27所示。预览效果如图4-28所示。

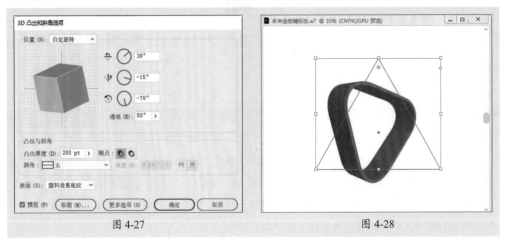

图 4-27　　　　　　　　　　　　　　　图 4-28

步骤 10 单击"贴图"按钮，弹出"贴图"对话框，在"符号"下拉列表中选择"纹理"，单击"缩放以适合"按钮，如图4-29所示。预览效果如图4-30所示。

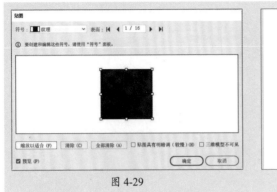

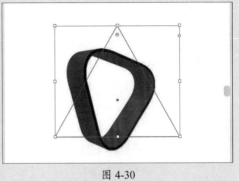

图 4-29   图 4-30

步骤 11 单击"表面"文本框后的"下一个表面"按钮▶，分别为3、4、5、10、11、12、13、14、16表面添加"纹理"符号，效果如图4-31所示。

步骤 12 执行"效果"|"风格化"|"照亮边缘"命令，在弹出的"照亮边缘"对话框中进行设置，然后单击"确定"按钮，应用效果，如图4-32所示。

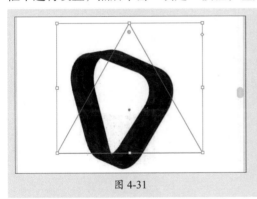

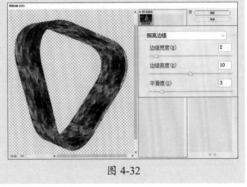

图 4-31   图 4-32

步骤 13 执行"编辑"|"复制"命令，执行"编辑"|"就地粘贴"命令，或按Ctrl+C组合键复制，按Ctrl+Shift+V组合键就地粘贴，如图4-33、图4-34所示。

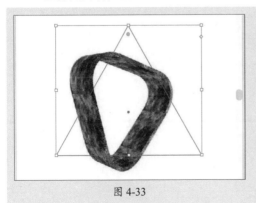

图 4-33   图 4-34

步骤 14 执行"窗口"|"外观"命令，在弹出的"外观"面板中双击"3D凸出和斜角（映射）"项，在弹出的"3D凸出和斜角选项"对话框中调整"凸出厚度"为0pt，如图4-35、图4-36所示。

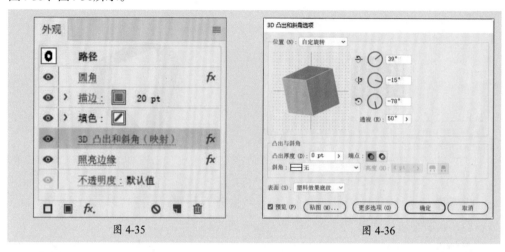

图 4-35　　　　　　　　　　　　　　　　図 4-36

步骤 15 单击"贴图"按钮，在弹出的"贴图"对话框中单击"全部清除"按钮，如图4-37所示。

步骤 16 为第1面添加贴图效果，如图4-38所示。

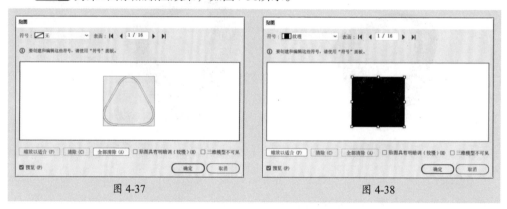

图 4-37　　　　　　　　　　　　　　　　图 4-38

步骤 17 使用相同的方法更改"照亮边缘"效果参数，如图4-39所示。

图 4-39

步骤 18 按住Shift键等比例缩小图形，使边缘重合，如图4-40所示。

步骤 19 使用前面介绍的方法，创建圆角三角形，如图4-41所示。

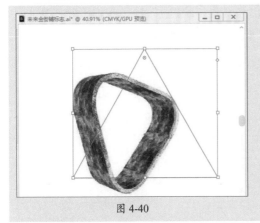

图 4-40

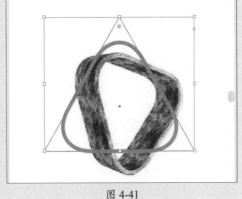

图 4-41

步骤 20 创建3D效果，参数如图4-42所示。

步骤 21 添加贴图效果（参数见步骤10~11），如图4-43所示。

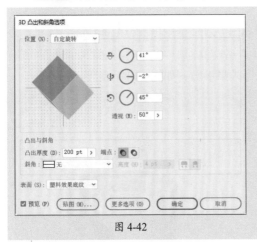

图 4-42

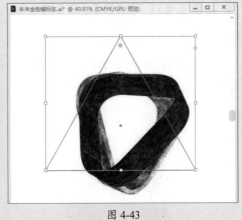

图 4-43

步骤 22 添加照亮边缘效果，如图4-44所示。

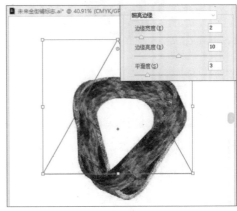

图 4-44

步骤 23 按Ctrl+C组合键复制图形，按Ctrl+Shift+V组合键就地粘贴图形，如图4-45所示。

步骤 24 在"外观"面板中双击"3D凸出和斜角（映射）"项，在弹出的"3D凸出和斜角选项"对话框中调整"凸出厚度"为0pt，如图4-46所示。

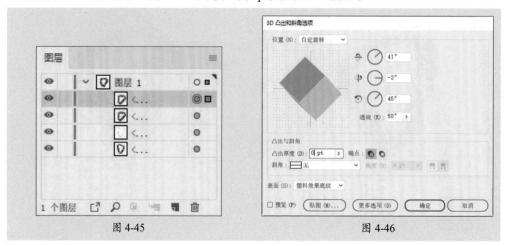

图 4-45   图 4-46

步骤 25 单击"贴图"按钮，在弹出的"贴图"对话框中单击"全部清除"按钮，为第1面添加贴图效果，如图4-47所示。

步骤 26 使用相同的方法更改"照亮边缘"效果参数，如图4-48所示。

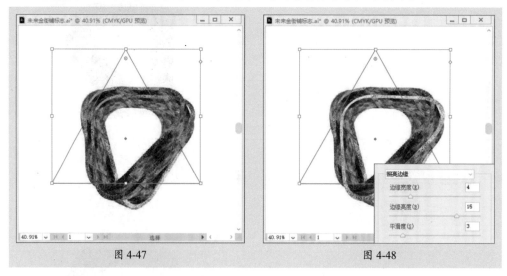

图 4-47   图 4-48

步骤 27 按住Shift键等比例缩小图形，使边缘重合，按住Shift键加选圆角三角形并调整位置，如图4-49所示。

步骤 28 设置描边为无，使用"钢笔工具"绘制路径，如图4-50所示。

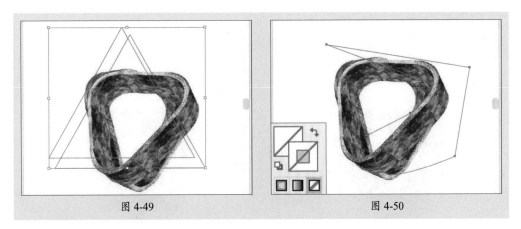

图 4-49   图 4-50

步骤29 按住Shift键选中第二次创建的圆角矩形，如图4-51所示。

步骤30 右击鼠标，在弹出的菜单中选择"建立剪贴蒙版"选项，裁切图形，如图4-52
所示。

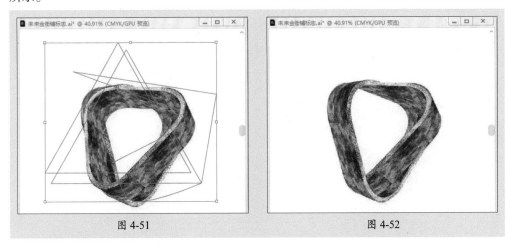

图 4-51   图 4-52

步骤31 继续创建圆角三角形，如图4-53所示。创建3D效果，参数如图4-54所示。

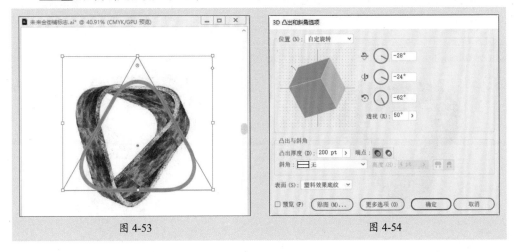

图 4-53   图 4-54

步骤 32 添加贴图效果，如图4-55所示。

步骤 33 添加照亮边缘效果，如图4-56所示。

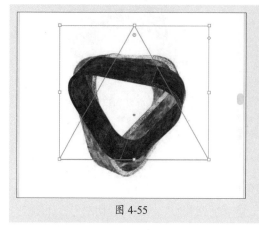 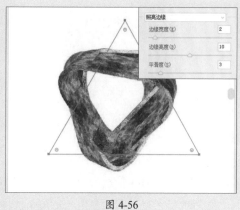

图 4-55   图 4-56

步骤 34 使用步骤22~26的方法，调整立体圆角三角形，如图4-57所示。

步骤 35 设置描边为无，使用"钢笔工具"绘制路径，如图4-58所示。

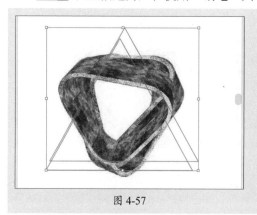 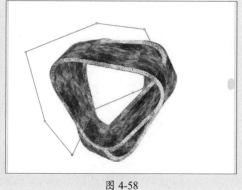

图 4-57   图 4-58

步骤 36 按住Shift键加选上述绘制的圆角三角形，创建剪贴蒙版，效果如图4-59所示。

步骤 37 在"图层"面板中调整图层顺序，如图4-60所示。

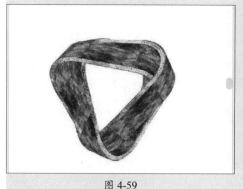 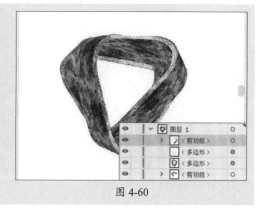

图 4-59   图 4-60

步骤 38 选择"钢笔工具"绘制路径,加选第一次绘制的圆角三角形创建剪贴蒙版,如图4-61、图4-62所示。

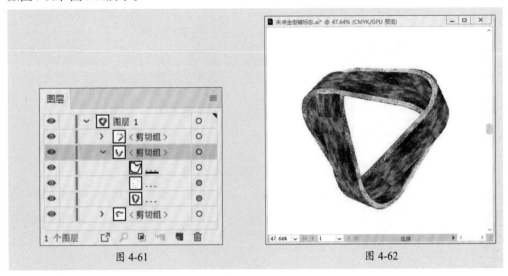

图 4-61   图 4-62

步骤 39 按Ctrl+]组合键放大图像,双击进入隔离模式,使用"钢笔工具"与"直接选择工具"调整有偏差的路径,如图4-63所示。再次双击退出隔离模式。

步骤 40 最终效果如图4-64所示。

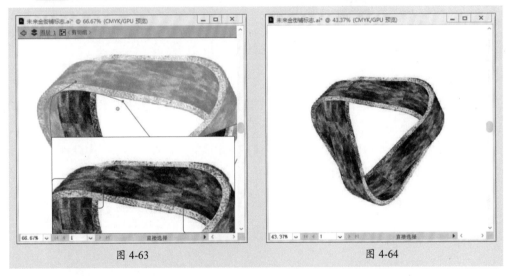

图 4-63   图 4-64

4.2.3 添加文字内容

在Illustrator中添加标志组中文字的内容。

步骤 01 选择"文字工具" **T**,输入文字"In the future",设置文字颜色为棕色(C:39、M:57、Y:100、K:0),在"字符"面板中设置参数,如图4-65、图4-66所示。

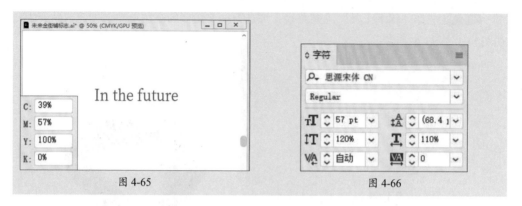

图 4-65   图 4-66

步骤 02 选择"矩形工具"▢，按住Shift键绘制正方形，如图4-67所示。

步骤 03 在工具箱中双击"旋转工具"↻，在弹出的"旋转"对话框中设置旋转"角度"为45°，如图4-68所示。

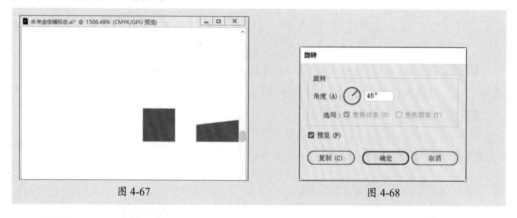

图 4-67   图 4-68

步骤 04 选择"直接选择工具"▷，单击旋转后的正方形右侧锚点水平向左移动，如图4-69所示。

步骤 05 在工具箱中双击"镜像工具"▷◁，在弹出的"镜像"对话框中设置"垂直"镜像，单击"复制"按钮，如图4-70所示。

图 4-69   图 4-70

步骤 06 移动复制的镜像形状，使用"选择工具"框选文字和形状，单击属性栏中的"垂直居中对齐"按钮，如图4-71所示。

步骤 07 选择"文字工具"，输入文字"未来"，在"字符"面板中设置参数，如图4-72所示。

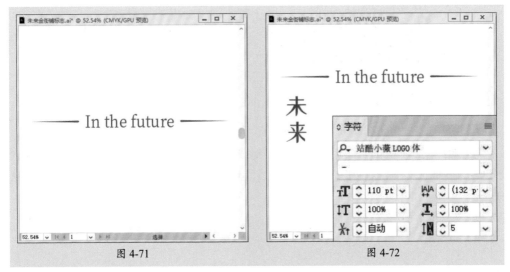

图 4-71   图 4-72

步骤 08 选择"文字工具"，输入文字"金街铺"，在"字符"面板中设置参数，如图4-73、图4-74所示。

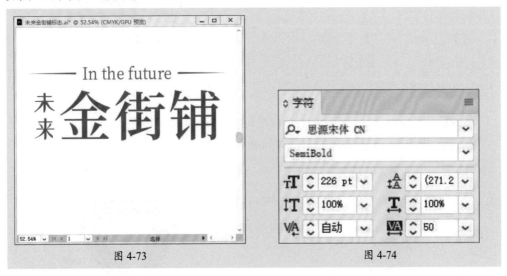

图 4-73   图 4-74

步骤 09 选择"文字工具"，输入文字，在"字符"面板中设置参数，如图4-75、图4-76所示。

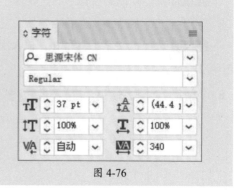

图 4-75

图 4-76

步骤 10 选中"In the future",在"字符"面板中更改字体与字号,如图4-77所示。

步骤 11 单击"字符"面板右上方的菜单按钮,在弹出的菜单中选择"全部大写字母"选项,框选文字和镜像形状组,单击属性栏中的"水平居中分布"按钮，如图4-78所示。

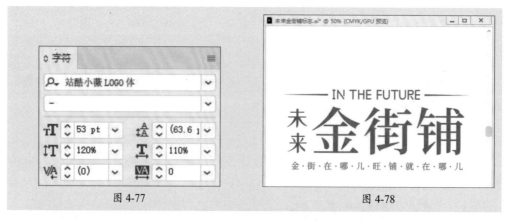

图 4-77

图 4-78

步骤 12 框选所有文字,按Ctrl+G组合键创建编组,如图4-79所示。

步骤 13 调整标志与文字的位置,如图4-80所示。

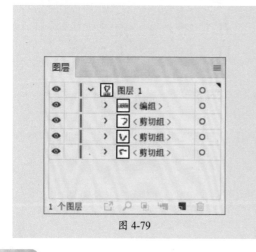

图 4-79

图 4-80

4.2.4 制作标志模板样式

在Illustrator中绘制矩形和添加文字,完成模板的制作。

步骤 01 在"图层"面板中锁定"图层1",单击面板底部的"创建新图层"按钮■创建新图层,如图4-81所示。

步骤 02 选择"直线工具"∕,按住Shift键绘制水平直线,在属性栏中设置填充为无,描边为黑色,大小为3pt,如图4-82所示。

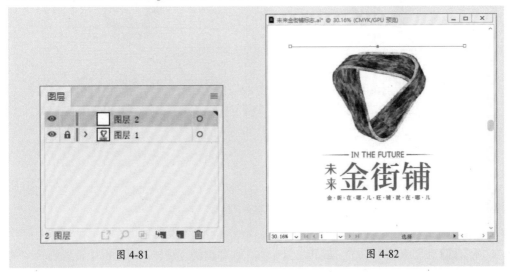

图 4-81	图 4-82

步骤 03 按住Alt键水平向下复制直线,按Ctrl+D组合键连续复制,如图4-83所示。

步骤 04 使用"直接选择工具"选中第一条直线,按住Shift键每隔5条单击加选,如图4-84所示。

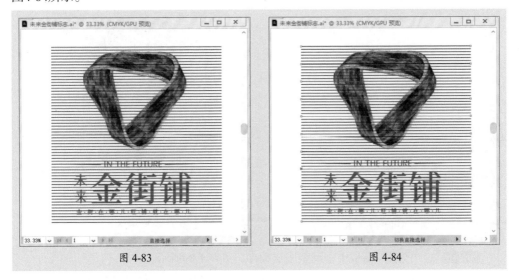

图 4-83	图 4-84

步骤 05 按住Ctrl键调整直线的长度,如图4-85所示。

步骤 **06** 使用"选择工具"框选所有直线，在"对齐"面板中单击"水平居中对齐"按钮▦，按Ctrl+G组合键创建编组，如图4-86所示。

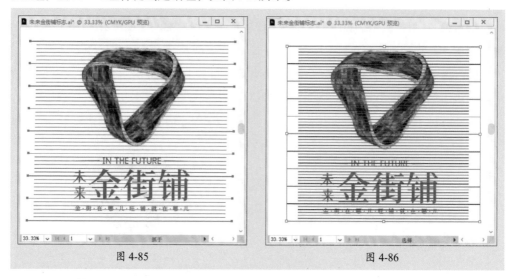

图 4-85   图 4-86

知识链接   按Ctrl+F7组合键，将弹出"对齐"面板。

步骤 **07** 在工具箱中双击"旋转工具" ↻，在弹出的"旋转"对话框中设置旋转"角度"为90°，如图4-87所示。

步骤 **08** 单击"复制"按钮，效果如图4-88所示。

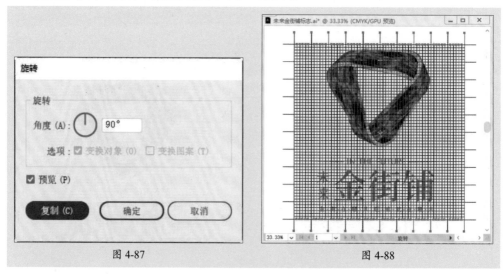

图 4-87   图 4-88

步骤 **09** 在"图层"面板中，调整图层顺序，如图4-89所示。

步骤 **10** 选中全部网格，在属性栏中将网格的描边颜色改为30%的灰，如图4-90所示。

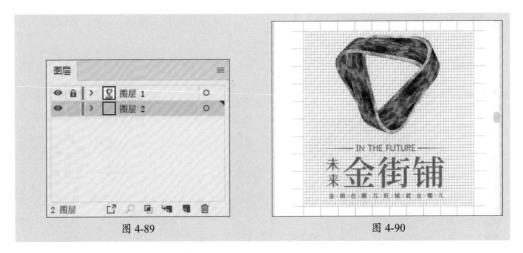

图 4-89   图 4-90

步骤 11 选择"文字工具"输入数字，如图4-91所示。

步骤 12 执行"窗口"|"文字"|"制表符"命令，打开"制表符"面板，拖动"居中对齐制表符"按钮调整位置，如图4-92所示。

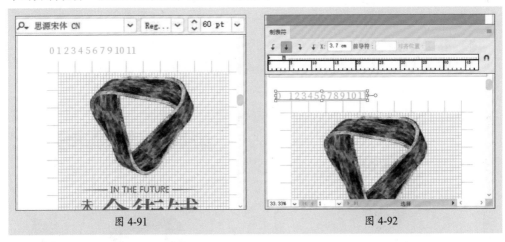

图 4-91   图 4-92

步骤 13 拖动"居中对齐制表符"按钮调整其他数字的位置，如图4-93所示。

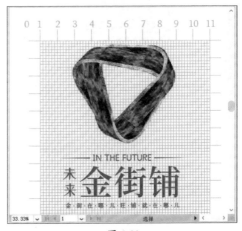

图 4-93

步骤 14 选择"文字工具"输入文字，在属性栏中单击"居中对齐"按钮，如图4-94所示。

步骤 15 选择"矩形工具"，按住Shift键绘制正方形，填充30%的灰色，如图4-95所示。

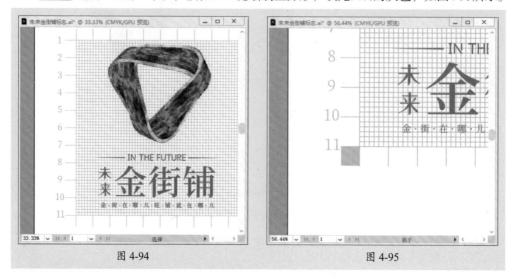

图 4-94   图 4-95

步骤 16 框选选区图层，移动整体位置，如图4-96所示。

步骤 17 选择"矩形工具"，绘制矩形，选择"吸管工具"吸取"金街铺"的颜色，进行填充，如图4-97所示。

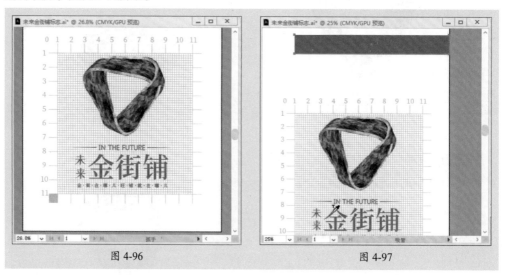

图 4-96   图 4-97

步骤 18 选择"文字工具"输入文字"A"，设置字体为"思源黑体CN"，字号为280pt，如图4-98所示。

步骤 19 选择"直接选择工具"，单击矩形左下锚点水平向右移动，如图4-99所示。

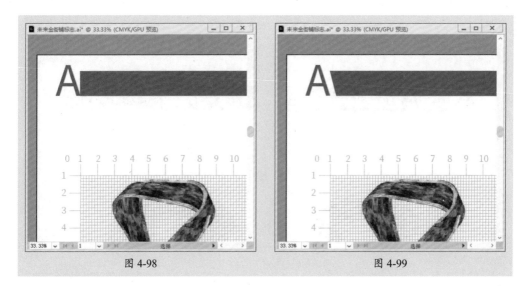

图 4-98   图 4-99

步骤 20 选择"文字工具",输入文字"VI视觉识别手册|标志设计",在"字符"面板中设置参数,如图4-100所示。

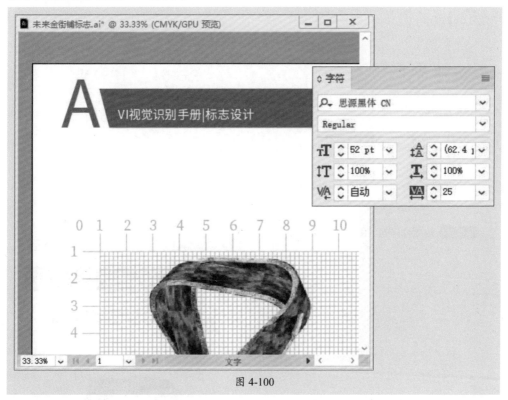

图 4-100

步骤 21 更改文字"标志设计"字号为66pt,如图4-101所示。

步骤 22 选择"文字工具",输入文字"01",字号为136pt,如图4-102所示。

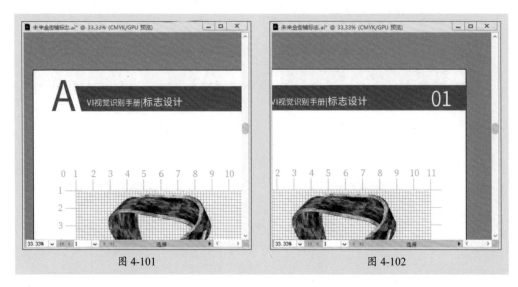

图 4-101　　　　　　　　　　　　　　　图 4-102

步骤 23 选择 "文字工具" 输入文字，在 "字符" 面板中设置参数，在 "段落" 面板中单击 "两端对齐，末行左对齐" 按钮▤，如图4-103、图4-104所示。

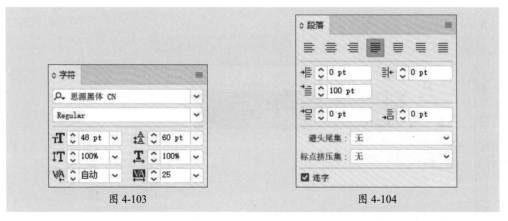

图 4-103　　　　　　　　　　　　　　　图 4-104

步骤 24 效果如图4-105所示。

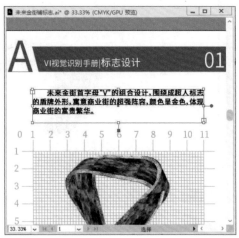

图 4-105

步骤 **25** 选择"直线工具" ✎，按住Shift键绘制水平直线，在属性栏中设置描边大小为8pt，选择"吸管工具"，按住Shift键吸取"黄金铺"的颜色进行填充，选择"文字工具"，输入文字"标志主体图形"，字号为48pt，如图4-106所示。

步骤 **26** 最终效果如图4-107所示。

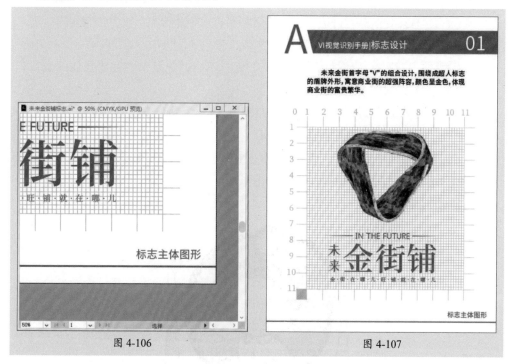

图 4-106

图 4-107

至此，完成标志设计。

项目练习

案例路径 云盘\实例文件\第4章\项目练习\餐饮店标志设计

项目背景 某餐饮品牌升级,目的是更好地梳理企业形象,扩大经营规模,委托本部为其制作标志。

项目要求 ①具有整体性,色调统一,色彩不能过于复杂,突出餐饮的经营类别。

②绘制厨师的卡通形象,搭配刀叉。文字标志同用卡通类型。

③设计规格为80cm×80cm。

项目分析 由餐饮想到了厨师和餐具,怎样将元素结合在一起,就需要先将思维展示在纸张上。然后在Illustrator软件中绘制图形,图形要具备一定的特点和美感。

项目效果 图4-108。

图 4-108

课时安排 2课时。

第**5**章

产品包装设计

本章概述

　　包装设计是将美术与自然科学相结合，用于产品的包装保护和美化。本章主要介绍如何制作口罩盒包装，色彩作为商品包装设计中的重要元素，不仅起着美化商品包装的作用，而且在商品营销的过程中也有着不可忽视的功能。口罩属于卫生医疗产品，可选用蓝色为主色调，包装上有简单的产品图形、产品文字等信息。

要点难点

● 创建包装刀版　★☆☆
● 添加主体图像　★★☆
● 套入样机模板　★☆☆

5.1 设计作品标签 //

为了更好地完成本设计案例，现对制作要求及设计内容做如下规划。

> **作品名称** 盛德医疗口罩包装盒设计
>
> **作品尺寸** 19cm×9cm×10cm
>
> **作品说明** ①口罩属于医疗用品，颜色以白色和蓝色为主色调。
>
> ②制作刀版，创建完成后便可以绘制主体视觉。使用绘图工具绘制背景样式，添加口罩素材以及产品名称，剩下的两面为产品信息以及注意事项。
>
> ③置入样机，制作样机效果。
>
> **应用软件** Illustrator 、Photoshop
>
> **案例路径** 云盘\实例文件\第5章\盛德医疗口罩包装盒设计

5.2 制作盛德医疗口罩包装盒 ////////////////////////////////

本案例制作的是盛德医疗口罩包装盒。整个设计过程包括创建包装的刀版、制作包装外观图像以及置入样机模板。

5.2.1 创建包装刀版

制作刀版是包装中必不可少的环节，只有在了解包装的尺寸和构造的基础上才能对包装的外观进行设计，所以首先创建包装的刀版。

步骤 01 启动Illustrator，单击"新建"按钮，在弹出的"新建文档"对话框中设置参数，单击"创建"按钮即可，如图5-1所示。

图 5-1

步骤 02 选择"矩形工具" ▣，在页面上单击，在弹出的"矩形"对话框中设置"宽度"为19cm、"高度"为9cm，单击"确定"按钮创建矩形，如图5-2所示。

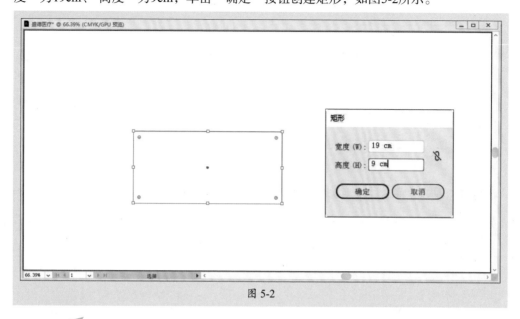

图 5-2

知识链接

刀版就是后期模切的工具，就好比我们拿的美工刀，复杂的包装外形只需要机器按压即可将包装的轮廓裁剪出来，并添加折痕，方便包装的折叠。

步骤 03 选择"矩形工具"，在页面上单击，在弹出的"矩形"对话框中设置"宽度"为19cm、"高度"为10cm，如图5-3所示。创建矩形并移动矩形的位置，如图5-4所示。

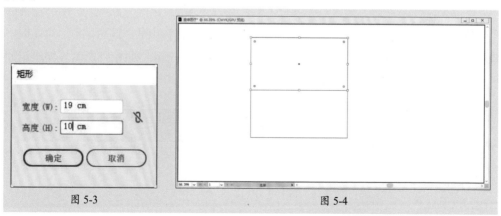

图 5-3   图 5-4

步骤 04 选择"矩形工具"，在页面上单击，在弹出的"矩形"对话框中设置"宽度"为10cm、"高度"为9cm，如图5-5所示。创建矩形并移动其位置，如图5-6所示。

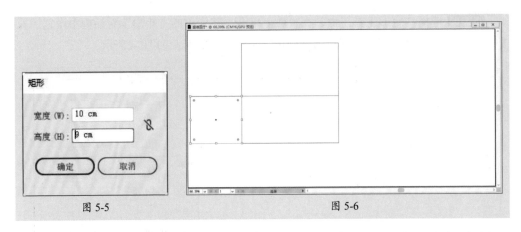

图 5-5   图 5-6

步骤 05 使用"选择工具" ▶ 框选第二排的两个矩形，按住Alt键水平移动，如图5-7所示。

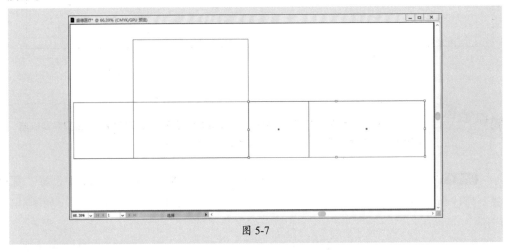

图 5-7

步骤 06 选择"圆角矩形工具" ▢，在页面上单击，在弹出的"圆角矩形"对话框中设置"宽度"为19cm、"高度"为2cm、"圆角半径"为0.6cm，如图5-8所示。创建矩形并移动矩形的位置，如图5-9所示。

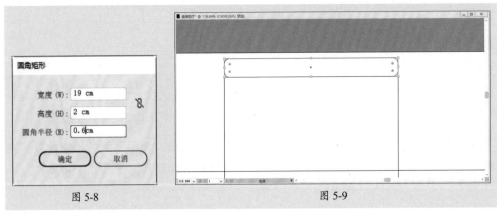

图 5-8   图 5-9

步骤 07 使用"直接选择工具" ▷，单击圆角矩形左下方的 ◎ 向左下移动变为尖角，单击右下方的 ◎ 向右下移动变为尖角，如图5-10所示。

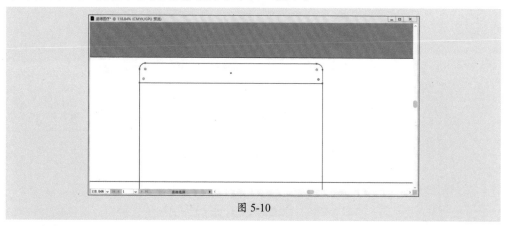

图 5-10

步骤 08 单击"画笔工具" ▯，在属性栏中将宽的参数更改为62cm，如图5-11所示。

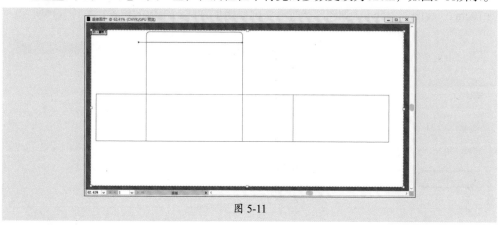

图 5-11

步骤 09 选择"矩形工具"，在页面上单击，在弹出的"矩形"对话框中设置"宽度"为2cm、"高度"为9cm，如图5-12所示。创建矩形并移动矩形的位置，如图5-13所示。

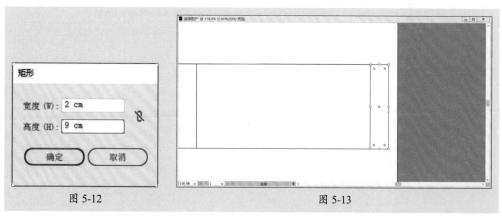

图 5-12
图 5-13

步骤 10 使用"直接选择工具",单击矩形右上方锚点向下移动dy:0.75cm,单击右下方锚点向上移动dy:-0.75cm,如图5-14所示。

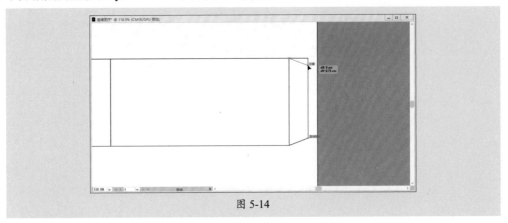

图 5-14

步骤 11 选择"矩形工具",在页面上单击,在弹出的"矩形"对话框中设置"宽度"为10cm、"高度"为5cm,如图5-15所示。创建矩形并移动矩形的位置,如图5-16所示。

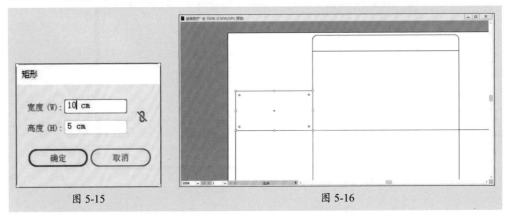

图 5-15   图 5-16

步骤 12 使用"直接选择工具",单击矩形左上方锚点向右移动dx:1cm,单击右上方锚点向左移动dx:-1cm,如图5-17所示。

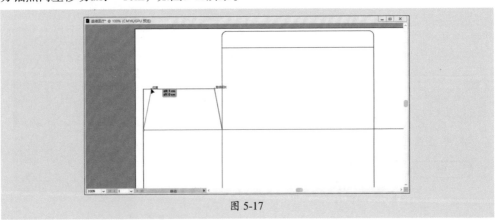

图 5-17

步骤 13 按住Alt+Shift组合键水平移动复制上步骤绘制的矩形，如图5-18所示。

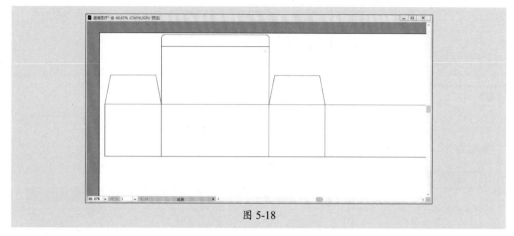

图 5-18

步骤 14 选择"矩形工具"，在页面上单击，在弹出的"矩形"对话框中设置"宽度"为10cm、"高度"为5cm，如图5-19所示。创建矩形并移动矩形的位置，如图5-20所示。

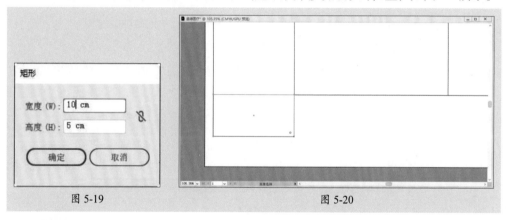

图 5-19   图 5-20

步骤 15 使用"直接选择工具"，单击矩形右下方锚点拖动至中心点，形成三角形，如图5-21所示。

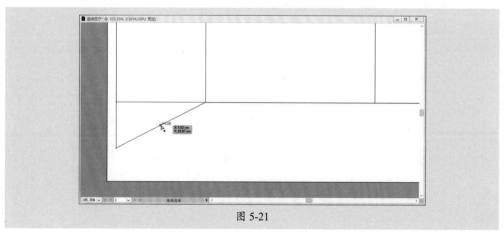

图 5-21

步骤 16 选择"矩形工具",在页面上单击,在弹出的"矩形"对话框中设置"宽度"为5cm、"高度"为5cm,如图5-22所示。创建矩形并移动矩形的位置,如图5-23所示。

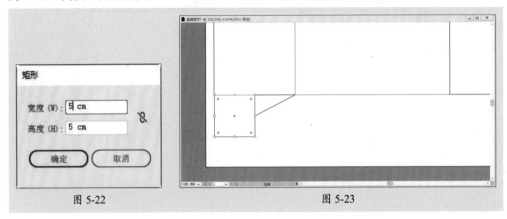

图 5-22 图 5-23

步骤 17 使用"直接选择工具",单击矩形右下方的◎向左上拖动R:0.6cm,如图5-24所示。

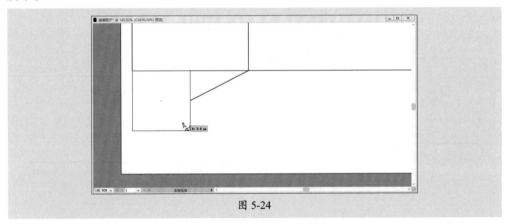

图 5-24

步骤 18 使用"选择工具"框选三角形和矩形,执行"窗口"|"路径查找器"命令,在弹出的面板中单击"联集"按钮▣合并形状,如图5-25所示。

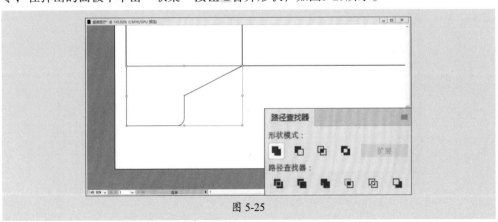

图 5-25

步骤 19 按住Alt键移动复制联集后的图形，在工具箱中双击"镜像工具" ▷◁ ，在弹出的对话框中设置垂直角度为90°，单击"确定"按钮，如图5-26、图5-27所示。

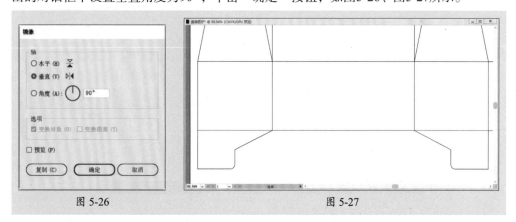

图 5-26   图 5-27

步骤 20 选择"矩形工具"，在页面上单击，在弹出的"矩形"对话框中设置"宽度"为19cm、"高度"为2.5cm，如图5-28所示。创建矩形并移动矩形的位置，如图5-29所示。

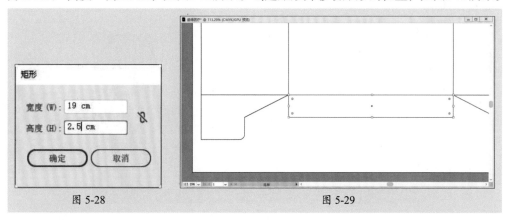

图 5-28   图 5-29

步骤 21 重复步骤16~17的方法，绘制"宽度"为4cm、"高度"为5cm的矩形，调整右下方R：06cm的圆角，做镜像垂直复制移动，如图5-30所示。

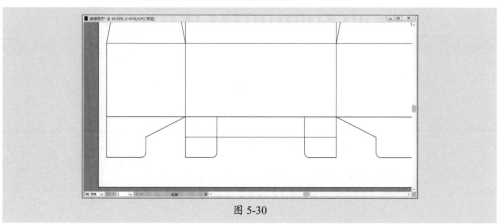

图 5-30

步骤 22 重复步骤14~15的方法，绘制"宽度"为4cm、"高度"为2.5cm的矩形，使用"直接选择工具"调整左下锚点使其变为三角形，如图5-31所示。

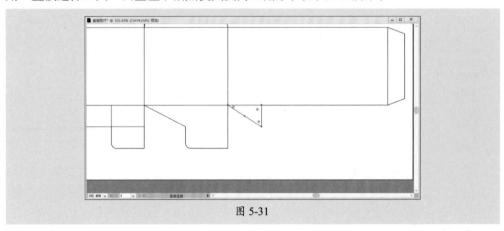

图 5-31

步骤 23 按住Alt键移动复制步骤21绘制的矩形，框选三角形和矩形做镜像复制移动，如图5-32所示。

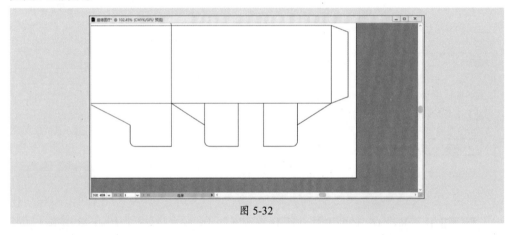

图 5-32

步骤 24 选择"矩形工具"绘制等高的矩形，如图5-33所示。

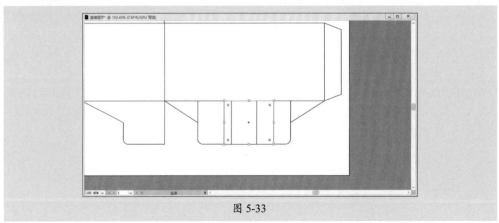

图 5-33

步骤25 分别框选步骤22、步骤24实现的形状图形，在"路径查找器"面板中单击"联集"按钮▣合并形状，如图5-34所示。

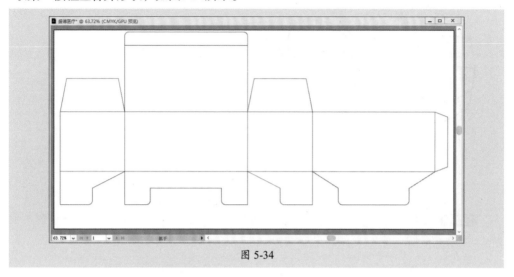

图 5-34

5.2.2　包装盒主视觉设计

刀版创建完成后便可以绘制主体视觉。使用绘图工具绘制背景样式，添加口罩素材，以及产品名称。

步骤01 将素材文件"口罩"拖放至Photoshop中，解锁背景图层，如图5-35、图5-36所示。

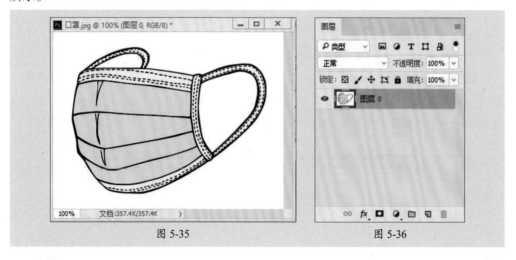

图 5-35　　　　　　　　　　　　　　　　图 5-36

步骤02 选择"魔棒工具"▨，单击白色区域，按住Shift键加选选区，按Delete键删除选区，如图5-37所示。

步骤03 按Ctrl+S组合键，在弹出的"另存为"对话框中选择保存类型为PNG格式，如图5-38所示。

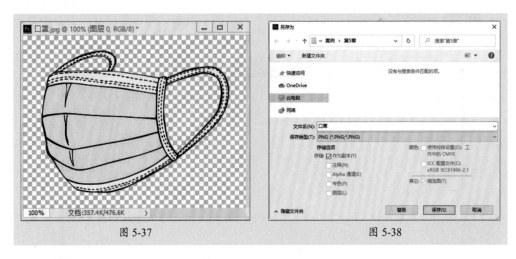

图 5-37   图 5-38

步骤 04 双击绘制的第一个矩形进入隔离模式，在"图层"面板中锁定该矩形，如图5-39所示。

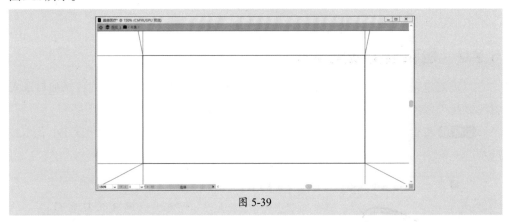

图 5-39

步骤 05 选择"矩形工具"，绘制"宽度"为19cm、"高度"为3cm的矩形，框选两个矩形，单击底层矩形，执行"窗口"|"对齐"命令，在弹出的"对齐"面板中单击"垂直底对齐"按钮▙与"水平居中对齐"按钮▟，如图5-40所示。

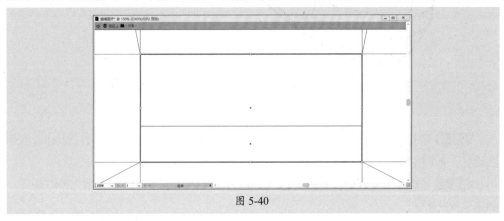

图 5-40

步骤 06 执行"文件"|"置入"命令，在弹出的"置入"对话框中选择"口罩"置入并调整大小，放至右下方，在属性栏中单击"嵌入"按钮，如图5-41所示。

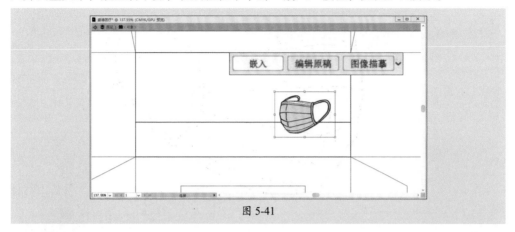

图 5-41

步骤 07 单击矩形，选择"吸管工具"吸取口罩中的蓝色进行填充，如图5-42所示。

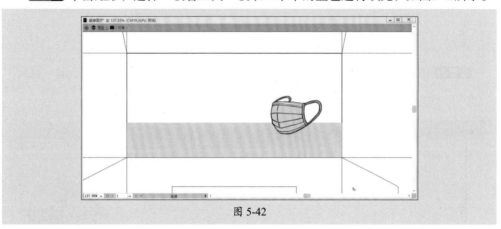

图 5-42

步骤 08 设置填充为无，描边为黑色，选择"钢笔工具" ✐ 沿口罩下边缘绘制闭合路径，如图5-43所示。

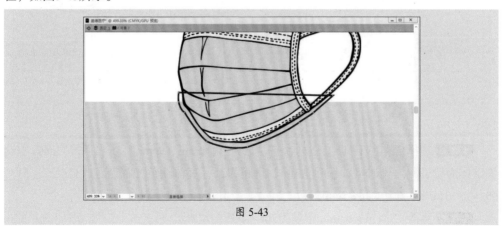

图 5-43

步骤 09 按住Shift键加选蓝色矩形，在"路径查找器"面板中单击"减去顶层"按钮 ，如图5-44所示。

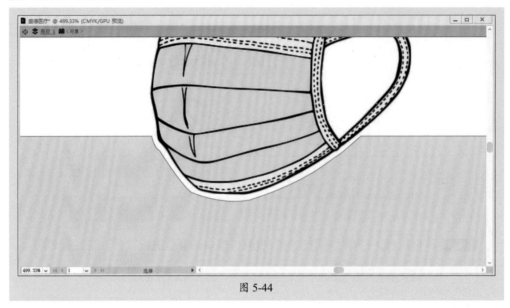

图 5-44

步骤 10 选择"吸管工具"吸取蓝色矩形的样式；选择"矩形工具"绘制"宽度"为9.8cm、"高度"为0.2cm的矩形，如图5-45所示。

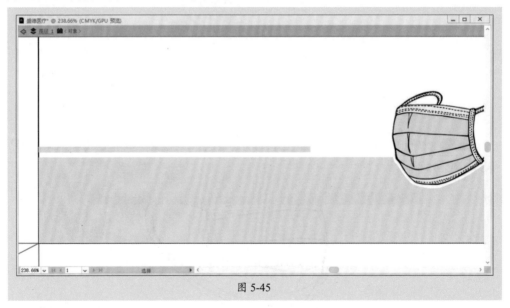

图 5-45

步骤 11 选择"文字工具"，输入文字"50片/盒 17cm×9cm"，在"字符"面板中设置字体为"思源黑体CN"、字号为9pt、字距为25，字体颜色为深蓝色（C：92、M：65、Y：31、K：0），如图5-46所示。

步骤 12 更改"17cm×9cm"字号为7pt，如图5-47所示。

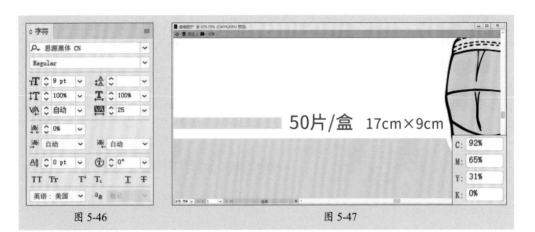

图 5-46   图 5-47

步骤13 双击打开文件"标志.ai",如图5-48所示。

图 5-48

步骤14 全选将其拖放至"盛德医疗"文档中,按住Shift键调整大小,放至左上角,如图5-49所示。

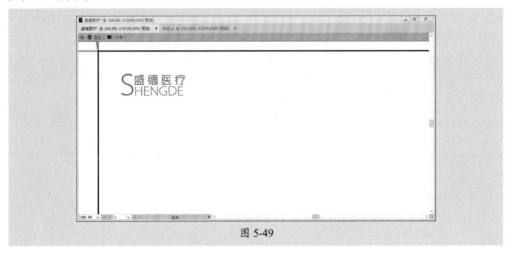

图 5-49

步骤 15 选择"文字工具",输入文字"一次性使用医用外科口罩",在"字符"面板中设置字体为"思源黑体CN"、字号为22pt、字距为80,如图5-50所示。

步骤 16 更改"17cm×9cm"字号为28pt,如图5-51所示。

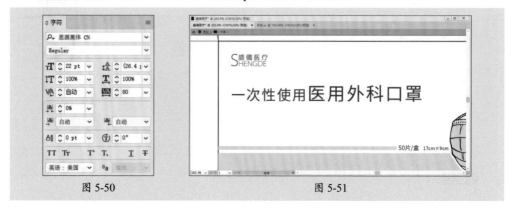

图 5-50   图 5-51

步骤 17 选择"圆角矩形工具",绘制"宽度"为9cm、"高度"为0.4cm、"圆角半径"为0.16cm的圆角矩形,选择"吸管工具"吸取上述文字的颜色进行填充,如图5-52、图5-53所示。

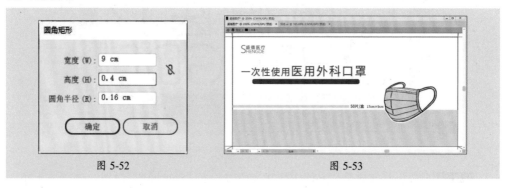

图 5-52   图 5-53

步骤 18 选择"文字工具",输入文字"Disposable Surgical Masks For Medical Use",在"字符"面板中设置字体为"思源黑体CN"、字号为10pt、字距为100,字体颜色为白色,如图5-54、图5-55所示。

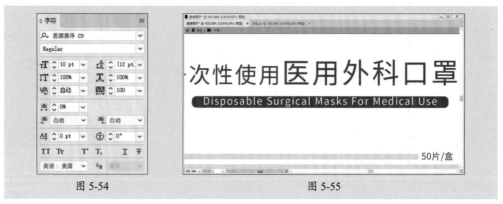

图 5-54   图 5-55

步骤 19 框选部分图像向右移动，如图5-56所示。

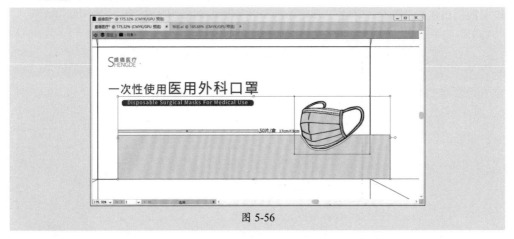

图 5-56

步骤 20 选择"矩形工具"绘制矩形，选中该矩形和第一次绘制的蓝色矩形，单击"减去顶层"按钮，如图5-57所示。

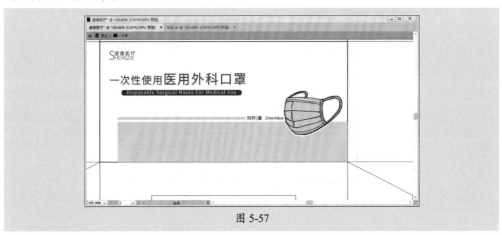

图 5-57

步骤 21 单击上方的矩形，使用"选择工具"将矩形向左拖动，如图5-58所示。

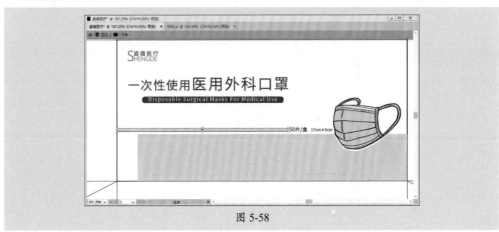

图 5-58

步骤 22 选择"椭圆工具",按住Shift键绘制正圆形,使用"吸管工具",按住Shift键吸取圆角矩形的颜色,单击工具箱中的"互换填充和描边"按钮↰,如图5-59所示。

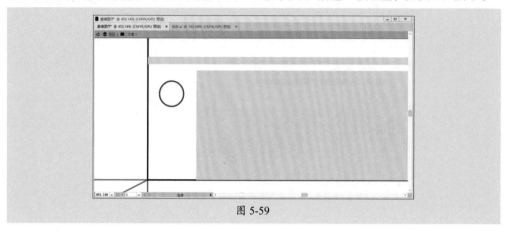

图 5-59

步骤 23 选择"文字工具",输入文字"2",在"字符"面板中设置字体为"思源黑体CN"、字号为13pt,如图5-60所示。

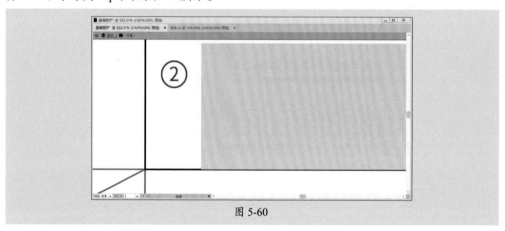

图 5-60

步骤 24 选择"直线工具"╱绘制直线,如图5-61所示。

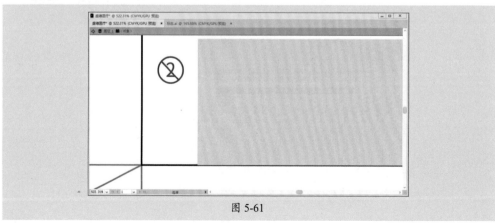

图 5-61

步骤 25 选择"文字工具",输入文字"不得二次使用",在"字符"面板中设置字体为"思源黑体CN"、字号为9pt、字距为80,如图5-62、图5-63所示。

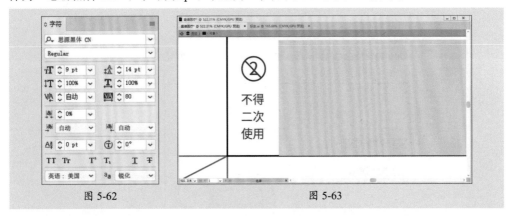

图 5-62   图 5-63

步骤 26 选择"圆角矩形工具",分别绘制"宽度"为2.3cm、"高度"为1cm、"圆角半径"为0.16cm的描边1pt的圆角矩形和"宽度"为2.1cm、"高度"为0.4cm、"圆角半径"为0.1cm的蓝色圆角矩形,使其水平居中对齐,如图5-64所示。

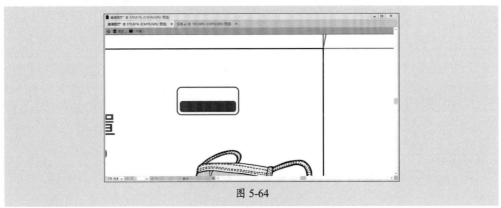

图 5-64

步骤 27 选择"文字工具",输入文字"环氧乙烷灭菌",在"字符"面板中设置字体为"思源黑体CN"、字号为9pt、字距为80,如图5-65、图5-66所示。

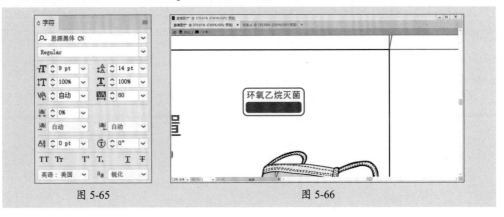

图 5-65   图 5-66

步骤28 继续输入文字"无菌 Sterilization",在"字符"面板中设置"无菌"字体为"思源黑体CN"、字号为8pt、字距为0,设置"Sterilization"字号为6.8pt,设置字体颜色为白色,如图5-67所示。

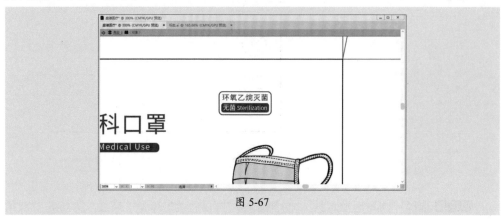

图 5-67

步骤29 框选主体文字,按住Shift键等比例放大并整体调整,如图5-68所示。

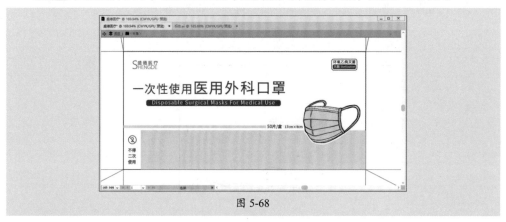

图 5-68

步骤30 按住Alt键移动复制口罩旁的文字,更改文字为"细菌过滤效率≥95%",双击退出隔离模式,如图5-69所示。

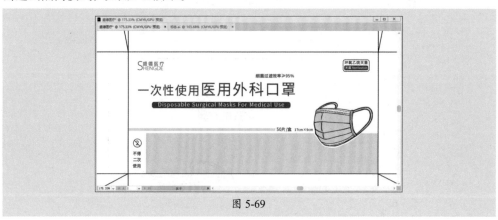

图 5-69

步骤 31 框选主视觉中所有的图层，按住Alt键水平移动，按Shift+Ctrl+]组合键将该图层置于顶层，如图5-70所示。

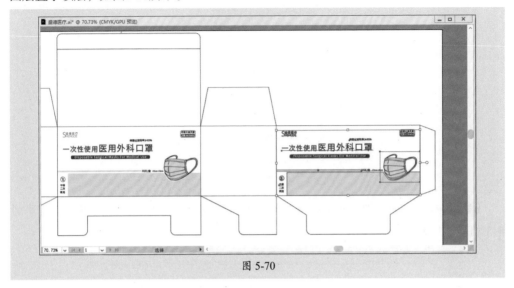

图 5-70

5.2.3 包装盒其余页面设计

主体视觉制作完成，接下来制作剩下几面的视觉效果，其中主视觉面直接复制即可，剩下的两面为产品信息以及注意事项。

步骤 01 按住Shift键选择主视觉上方、右方以及左方的矩形，选择"吸管工具"吸取口罩中的蓝色进行填充，如图5-71所示。

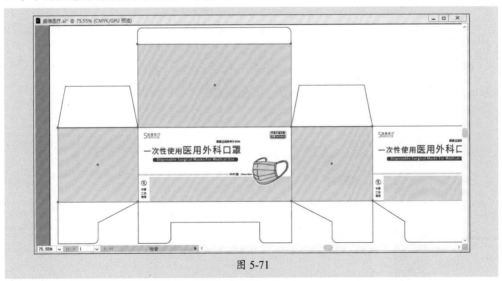

图 5-71

步骤 02 按住Alt键复制标志，按Shift+Ctrl+]组合键将该图层置于顶层，按住Shift+Alt键从中心等比例放大，如图5-72所示。

图 5-72

步骤 03 按住Shift键加选底层矩形，释放Shift键再次单击，在属性栏中单击"水平居中对齐"按钮▉与"垂直居中对齐"按钮▉，如图5-73所示。

图 5-73

步骤 04 锁定右方矩形，选择"圆角矩形工具"，绘制"宽度"为1.5cm、"高度"为0.4cm、"圆角半径"为0.1cm的圆角矩形，填充深蓝色，如图5-74所示。

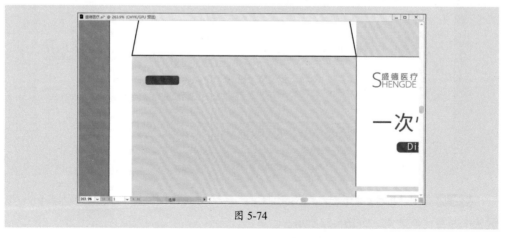

图 5-74

步骤 05 选择"文字工具"，输入文字"适用范围："，在"字符"面板中设置字体为"思源黑体CN"、字号为8pt、字距为25，字体颜色为白色，如图5-75、图7-76所示。

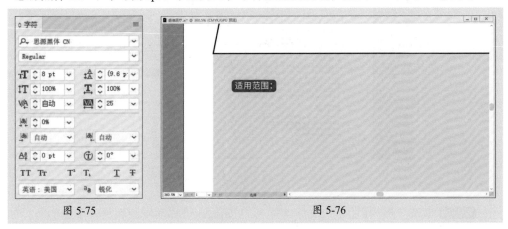

图 5-75   图 5-76

步骤 06 使用"文字工具"拖动绘制文本框，输入文字，在"字符"面板中更改字号、字距参数，如图5-77、图5-78所示。

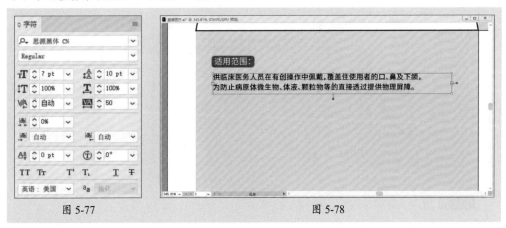

图 5-77   图 5-78

步骤 07 框选文字与矩形，按住Alt键垂直移动复制，更改文字内容，如图5-79所示。

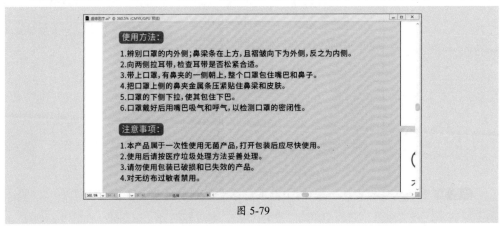

图 5-79

步骤 08 框选文字组与矩形，调整位置，将其居中对齐，如图5-80所示。

图 5-80

步骤 09 框选"适用范围："文字与矩形，按住Alt键移动复制到另一个矩形面，如图5-81所示。

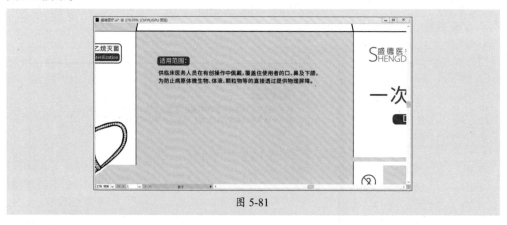

图 5-81

步骤 10 更改文字并调整位置，如图5-82所示。

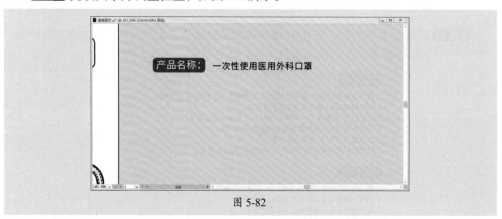

图 5-82

步骤 11 框选文字与矩形，按住Alt键垂直移动复制，更改文字内容。选中"口罩体内"段文字，在"段落"面板中单击"两端对齐，末行左对齐"按钮▤，如图5-83所示。

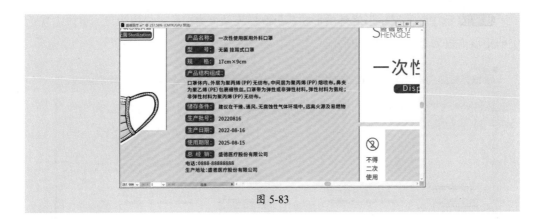

图 5-83

💬 **技巧点拨**

若要使移动间距为等距，可框选移动的对象，按Ctrl+D组合键粘贴。

步骤12 执行"文件"|"置入"命令，在弹出的"置入"对话框中选择"条形码"文件置入并调整大小，放至右下方，如图5-84所示。

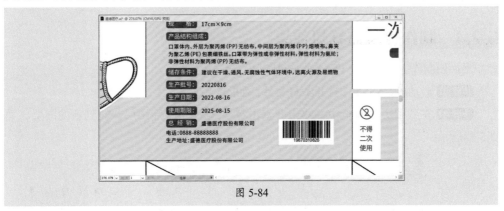

图 5-84

步骤13 选择"矩形工具"绘制文档大小的矩形，填充20%的灰色，按Shift+Ctrl+[组合键将该图层置于底层，锁定该图层，如图5-85所示。

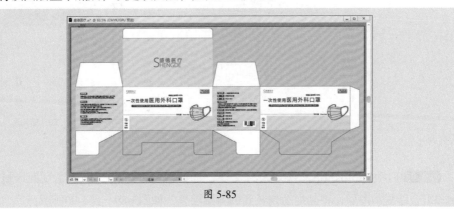

图 5-85

步骤14 选中除底层矩形之外的形状，更改填充颜色为白色，描边为无，更改主视觉中的矩形描边为无，如图5-86所示。

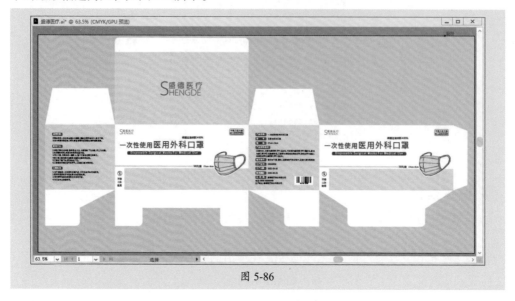

图 5-86

5.2.4 制作包装盒样机效果

平面图制作完成，打开Photoshop制作包装盒样机效果。

步骤01 启动Photoshop，打开素材文件，如图5-87所示。

步骤02 在"图层"面板中，双击"双击替换-正面"智能图层，转到新的图层，如图5-88所示。

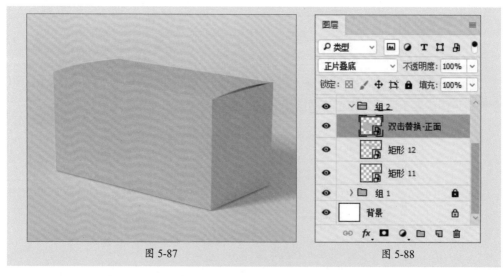

图 5-87   图 5-88

步骤03 启动Photoshop，打开素材文件，选择"选框工具"框选主页面区域，按Ctrl+J组合键复制图层，将其拖动到转到的新图层里，如图5-89、图5-90所示。

图 5-89   图 5-90

步骤 04 按Shift+S组合键，回到原文档，如图5-91所示。

步骤 05 在"图层"面板中，双击"矩形12"智能图层，转到新的图层，如图5-92所示。

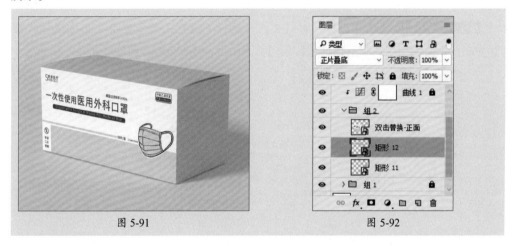

图 5-91   图 5-92

步骤 06 启动Photoshop，打开素材文件，选择"选框工具"框选主页面区域，按Ctrl+J组合键复制图层，将其拖动到转到的新图层里，如图5-93、图5-94所示。

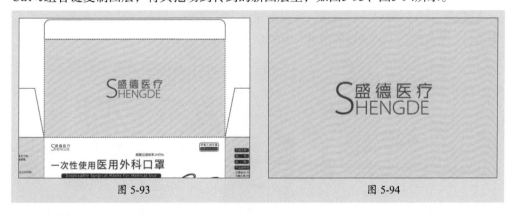

图 5-93   图 5-94

步骤 07 按Shift+S组合键，回到原文档，如图5-95所示。

步骤08 在"图层"面板中,双击"矩形11"智能图层,转到新的图层,如图5-96所示。

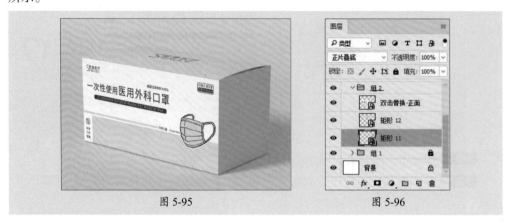

图 5-95　　　　　　　　　　　　　　　　　　图 5-96

步骤09 启动Photoshop,打开素材文件,选择"选框工具"框选主页面区域,按Ctrl+J组合键复制图层,将其拖动到转到的新图层里,如图5-97、图5-98所示。

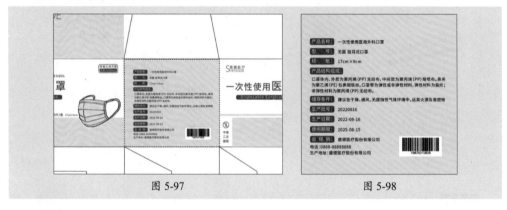

图 5-97　　　　　　　　　　　　　　　　　　图 5-98

步骤10 按Shift+S组合键,回到原文档,如图5-99所示。

步骤11 按Ctrl+Shift+S组合键,保存为JPEG格式图像,回到"图层"面板中,双击"矩形11"智能图层,转到新的图层,如图5-100所示。

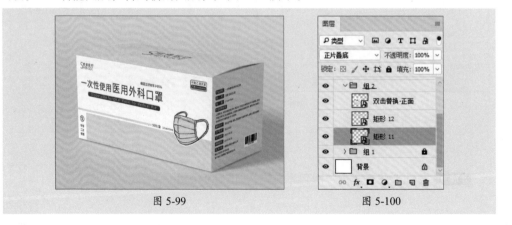

图 5-99　　　　　　　　　　　　　　　　　　图 5-100

步骤 12 启动Photoshop，打开素材文件，选择"选框工具"框选主页面区域，按Ctrl+J组合键复制图层，将其拖动至转到的新文档图层中，如图5-101、图5-102所示。

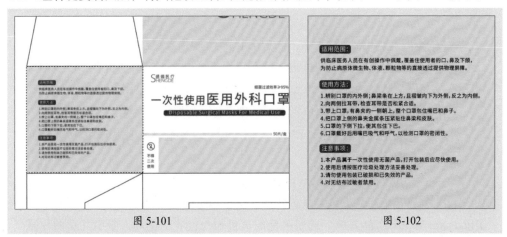

图 5-101　　　　　　　　　　　　　　图 5-102

步骤 13 按Shift+S组合键，回到原文档，按Ctrl+Shift+S组合键，保存为JPEG格式图像，如图5-103所示。

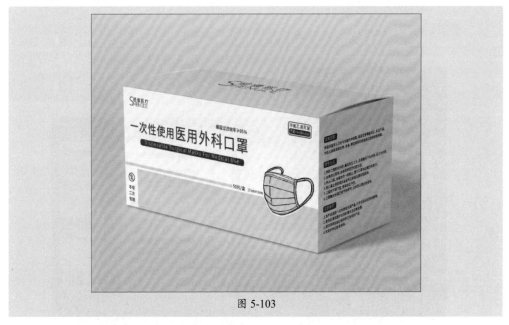

图 5-103

至此，完成盛德口罩包装盒的制作。

项目练习

案例路径 云盘\实例文件\第5章\项目练习\制作米粉包装盒

项目背景 某食品公司近期推出一款豌豆营养米粉，为吸引消费者，以及向其展示产品与同类产品的优势，特委托本公司为其制作包装效果图。

项目要求 ①符合食品包装色彩搭配，显示食品的美味、绿色、新鲜等特点。

②正面以图片为背景，反面主要为文字排版，给顾客传达产品详细信息。

③设计规格为15cm×20cm×5cm。

项目分析 儿童产品类包装显著特点就是色彩明快艳丽，图形温馨可爱。利用Illustrator制作出产品刀版，选用鲜艳的黄色作为包装主色调，吸引儿童的注意力。包装正面添加爱心图形，使背景看起来更具层次感。然后添加产品图像，更直观地展现产品的卖点，添加辅助产品图像让消费者了解产品的口味及特点，最后添加产品详细文字描述。

项目效果 图5-104。

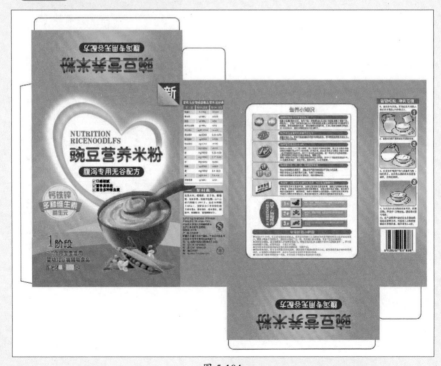

图 5-104

课时安排 2课时。

第 **6** 章

App界面设计

本章概述

　　界面设计是UI设计中最重要的组成部分。UI即User Interface(用户界面)的简称,是指对软件的人机交互、操作逻辑、界面美观的整体设计。好的界面设计不仅可以让软件变得有个性、有品位,还可以让使用者感觉到舒适。

要点难点

- 制作闪屏页 ★☆☆
- 制作注册页 ★☆☆
- 制作首页 ★★☆

6.1 设计作品标签

为了更好地完成本设计案例，现对制作要求及设计内容做如下规划。

作品名称 七月旅行App界面设计

作品尺寸 1080px × 1920px

作品说明 ①闪屏页可以选择风景照片为主视觉图像，下面加上App的标志与宣传语。

②注册页为账号直接注册信息，同时可添加第三方账号登录。

③首页的设计属于综合型界面，内容较全，可放主推旅行游记与攻略。

应用软件 Photoshop、Illustrator

案例路径 云盘\实例文件\第6章\App界面设计

6.2 制作旅行App界面

在App中，常用的界面类型可分为闪屏页、引导页、首页、个人中心页、详情页以及注册登录页。本案例制作的是七月旅行App中闪屏页、注册页以及首页的样式。

6.2.1 制作闪屏页

闪屏页又称启动页，是打开任意App第一眼见到的界面图像，承载着用户对App的第一印象。旅行App的闪屏页可以选择风景照片为主视觉图像，下面加上App的标志与宣传语。

步骤 01 启动Photoshop，单击"新建"按钮，或按Ctrl+N组合键，在弹出的"新建文档"对话框中设置参数，单击"创建"按钮即可，如图6-1所示。

图 6-1

步骤 **02** 执行"文件" | "置入嵌入对象"命令，置入素材文件"标志组"，调整至中下方，如图6-2所示。

步骤 **03** 选择"矩形工具" □ 绘制矩形，如图6-3所示。

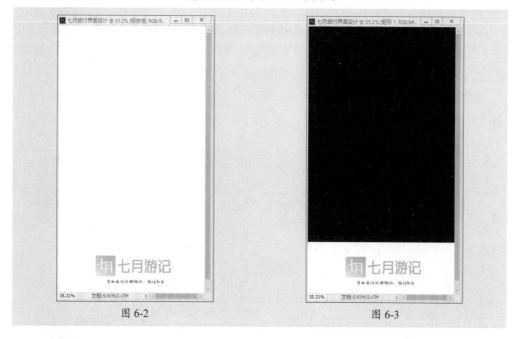

图 6-2　　　　　　　　　　　　　　　　　　　　图 6-3

步骤 **04** 执行"文件" | "置入嵌入对象"命令，置入素材文件"闪屏素材"，如图6-4所示。

步骤 **05** 按Ctrl+Alt+G组合键创建剪贴蒙版，调整至合适位置，如图6-5、图6-6所示。

图 6-4　　　　　　　　图 6-5　　　　　　　　图 6-6

6.2.2　制作注册页

　　注册页是App的必要界面。页面设计需简洁、直观，除了必备的手机登录注册，还可添加第三方账号登录。

　　步骤 01 启动Illustrator，新建任意大小的文档，选择"椭圆工具" ◯，在页面上单击，在弹出的"椭圆"对话框中设置"宽度"为1.4cm、"高度"为1.4cm，单击"确定"按钮创建正圆形，设置描边为2pt，如图6-7所示。

　　步骤 02 继续绘制"宽度"为2.2cm、"高度"为2.2cm的正圆，使两圆居中对齐，如图6-8所示。

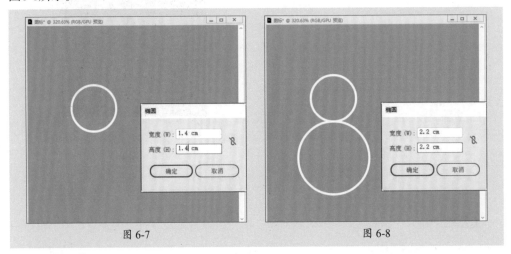

图 6-7　　　　　　　　　　　　　　　　　图 6-8

　　步骤 03 使用"直接选择工具" ▷单击底端锚点并向上拖动，如图6-9所示。

　　步骤 04 移动变形的正圆，选择"钢笔工具"沿重合的部分绘制路径，如图6-10所示。

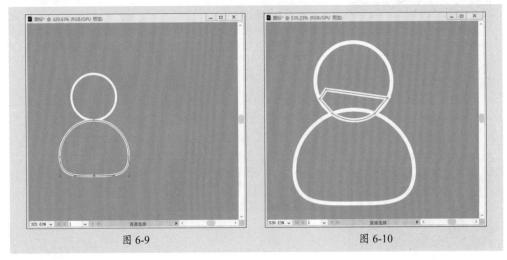

图 6-9　　　　　　　　　　　　　　　　　图 6-10

　　步骤 05 按住Shift键加选变形的正圆，在"路径查找器"面板中单击"减去顶层"按钮 ◰，如图6-11所示。

步骤 06 使用相同的方法绘制其他图标，如图6-12所示。

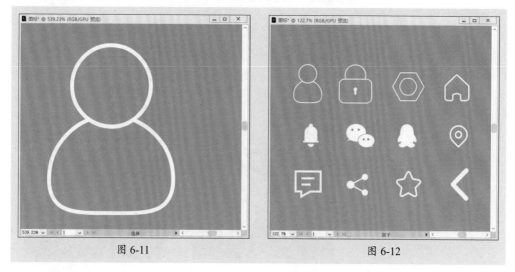

图 6-11   图 6-12

步骤 07 单击"画板工具" ⬚，拖动创建画板，如图6-13所示。

步骤 08 执行"文件"|"导出"|"导出为"命令，在弹出的"导出"对话框中选择PNG格式存储，勾选"使用画板"复选框，设置"范围"为2，如图6-14所示。

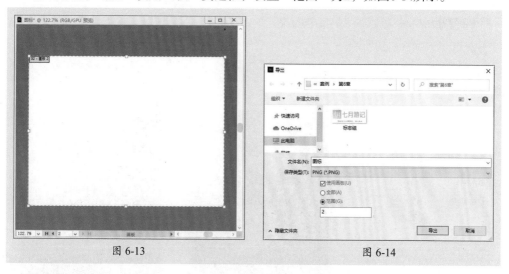

图 6-13   图 6-14

步骤 09 按Ctrl+N组合键，在弹出的"新建文档"对话框中设置参数，单击"创建"按钮即可，如图6-15所示。

步骤 10 执行"文件"|"置入嵌入对象"命令，置入素材文件"注册素材"，调整大小，如图6-16所示。

步骤 11 执行"文件"|"置入嵌入对象"命令，置入素材文件"手机屏显示"，调整大小，如图6-17所示。

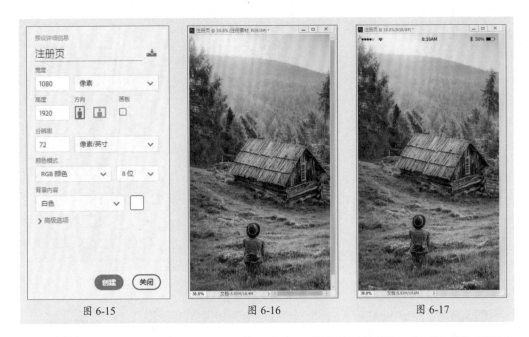

图 6-15　　　　　　　　图 6-16　　　　　　　　图 6-17

步骤 12 选择"横排文字工具" **T**，输入文字"登录后更精彩"，在"字符"面板中设置参数，如图6-18、图6-19所示。

步骤 13 继续输入文字"全世界的旅行攻略尽在 七月游记"，在"字符"面板中设置字号为40点，如图6-20所示。

图 6-18　　　　　　　　图 6-19　　　　　　　　图 6-20

步骤 14 选择"圆角矩形工具" ▢，在页面上单击，在弹出的"创建圆角矩形"对话框中设置参数。单击"确定"按钮创建圆角矩形，按住Alt键复制圆角矩形，如图6-21所示。

步骤 15 更改圆角矩形图层不透明度为50%，如图6-22所示。

步骤 16 按住Alt键复制圆角矩形，按住Shift+Alt组合键从中心等比例缩小，更改填充颜色为深绿色（R：72、G：106、B：0），将不透明度更改为100%，如图6-23所示。

图 6-21   图 6-22   图 6-23

步骤 17 执行"文件"|"打开"命令，在弹出的"打开"对话框中选择"图标-02"，单击"打开"按钮，新建图层，使用"油漆桶工具" ◇ 填充，调整图层并锁定，如图6-24、图6-25所示。

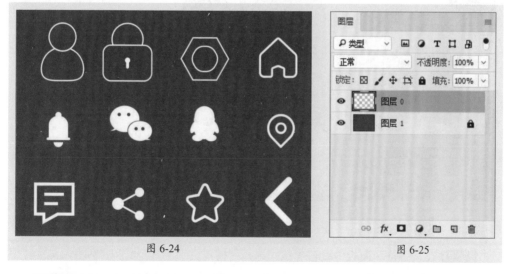

图 6-24   图 6-25

步骤 18 选择"矩形选框工具" □ 框选每个图标，按Ctrl+X组合键剪切，按Ctrl+V组合键粘贴，形成独立图层，如图6-26、图6-27所示。

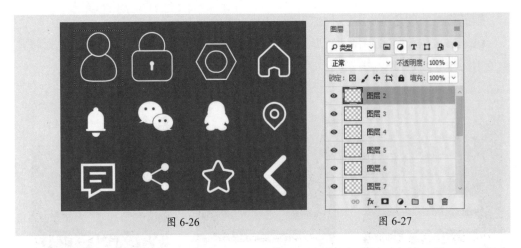

图 6-26　　　　　　　　　　　　　　　　图 6-27

步骤 **19** 使用"选择工具"，按住Shift键多选部分图标移动到原文档，按Ctrl+T组合键自由变换图标，按住Shift键等比例调整图标大小，移动至合适位置，如图6-28所示。

步骤 **20** 双击"图层2"，在弹出的"图层样式"对话框中单击"颜色叠加"项，填充深一点的绿色（R：35、G：51、B：0）。单击"图层2"，右击鼠标，在弹出的快捷菜单中选择"拷贝图层样式"命令。单击"图层3"，右击鼠标，在弹出快捷的菜单中执行"粘贴图层样式"命令，如图6-29、图6-30所示。

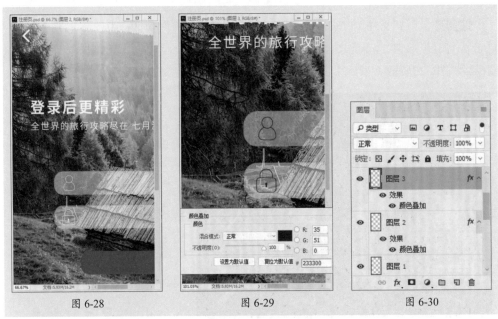

图 6-28　　　　　　　　　图 6-29　　　　　　　　　图 6-30

步骤 **21** 在"字符"面板中设置参数，选择"横排文字工具" **T**，分别输入文字"用户名/手机号/邮箱""密码"，字体颜色为步骤20中的深绿色，如图6-31所示。

步骤 **22** 输入文字"登录"，更改字号为48点，字体颜色为白色，如图6-32、图6-33所示。

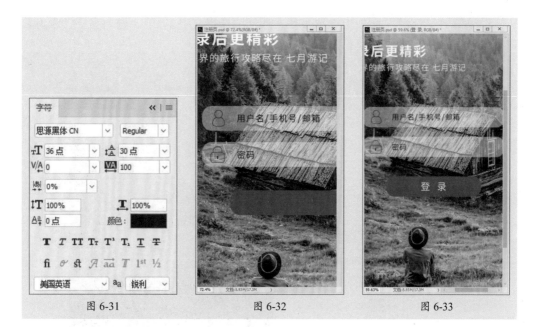

| 图 6-31 | 图 6-32 | 图 6-33 |

步骤 23 按住Alt键复制"全世界"段文字，使用"横排文字工具"更改文字内容为"第三方账号登录"，如图6-34所示。

步骤 24 选择"直线工具"，按住Shift键绘制直线，按住Shift+Alt组合键水平移动复制的直线。框选图标和文字，单击属性栏中的"水平居中分布"按钮 ⋈，如图6-35所示。

步骤 25 使用"选择工具"将"图标"文档中的图标移动到该文档中，按Ctrl+T组合键自由变换，按住Shift键等比例调整图标大小，移动至合适位置，如图6-36所示。

| 图 6-34 | 图 6-35 | 图 6-36 |

步骤 26 在"字符"面板中设置参数，选择"横排文字工具"，输入文字"没有账号？快速注册"，字体颜色为白色，如图6-37、图6-38所示。

图 6-37　　　　　　　　　　　　　　　　　　图 6-38

6.2.3　制作首页

首页又称起始页，是用户使用App的第一界面。在其中包括搜索栏、banner、瓷片区以及标签栏等。采用丰富的设计形式，满足用户的各种要求。

知识链接　　　瓷片区就是板块拼接在一起形成的运营位，视觉上像一块块瓷片贴在版面上，所以叫作"瓷片区"。

步骤 01 按Ctrl+N组合键，在弹出的"新建文档"对话框中设置参数，单击"创建"按钮即可，如图6-39所示。

步骤 02 执行"文件"|"置入嵌入对象"命令，置入素材文件"手机屏显示"，调整大小，放至最上方，如图6-40所示。

步骤 03 选择"圆角矩形工具"绘制圆角矩形，在"属性"面板中设置参数，如图6-41所示。

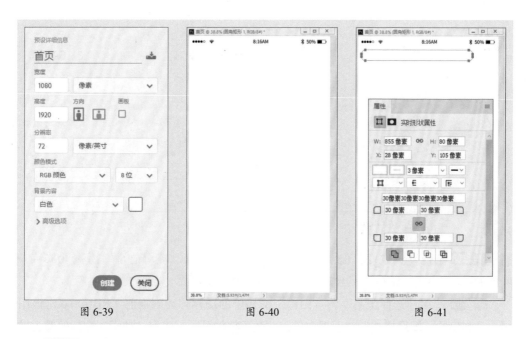

图 6-39   图 6-40   图 6-41

步骤 04 双击该形状图层，在弹出的"图层样式"对话框中设置参数，如图6-42所示。

步骤 05 单击"确定"按钮，效果如图6-43所示。

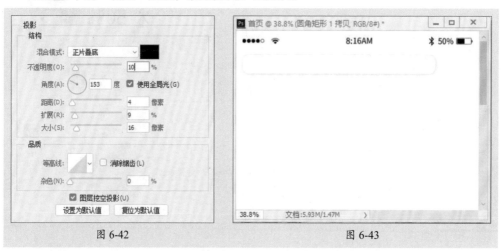

图 6-42   图 6-43

步骤 06 按住Shift+Alt组合键水平移动矩形，按Ctrl+T组合键自由变换矩形，按住Shift+Alt键从中心等比例缩放矩形，如图6-44所示。

步骤 07 新建图层，设置填充颜色为70%灰色，选择"自定形状工具" ⚙，在属性栏的"形状"下拉列表中选择"搜索"，按住Shift键绘制形状，如图6-45所示。

图 6-44   图 6-45

步骤 08 选择"横排文字工具"输入文字"搜索目的地/攻略游记等",字号为36点,颜色为浅灰色(R:183、G:183、B:183),如图6-46所示。

步骤 09 使用"选择工具"将"图标"文档中的图标移动到当前文档中,双击该图层,在弹出的"图层样式"对话框中单击"颜色叠加"项,吸取"搜索"图标的颜色进行填充,按Ctrl+T组合键自由变换图标,按住Shift键等比例调整图标大小,放至合适位置,如图6-47所示。

图 6-46   图 6-47

💬 技巧点拨

执行"窗口"|"属性"命令,在弹出的"属性"面板中可快速对选中的图层所应用的相关参数进行设置。

步骤 10 选择"横排文字工具"输入文字,字号为30点,选择"吸管工具"吸取"搜索"图标的颜色进行填充,如图6-48所示。

步骤 11 选择"矩形工具"绘制矩形,在"图层"面板中将该图层移至最底层,如图6-49所示。

图 6-48   图 6-49

步骤12 选择"横排文字工具"输入文字"周边""三亚""成都""梅里雪山"，在属性栏中设置字号为44点，更改字体颜色为黑色，如图6-50所示。

步骤13 新建图层，选择"自定形状工具" ，在属性栏的"形状"下拉列表中选择"添加"选项，按住Shift键绘制形状，调整整体位置，使其居中对齐，如图6-51所示。

图 6-50   图 6-51

步骤14 选择"圆角矩形工具"绘制圆角矩形，如图6-52所示。

步骤15 执行"文件"|"置入嵌入对象"命令，置入素材文件"首页素材1"，按Ctrl+Alt+G组合键创建剪贴蒙版，调整位置与大小，如图6-53所示。

图 6-52   图 6-53

步骤 16 选择圆角矩形图层，按Ctrl+J组合键复制图层，将下方的圆角矩形图层移至最上层，更改填充颜色为白色，不透明度为60%，按Ctrl+Alt+G组合键创建剪贴蒙版，如图6-54、图6-55所示。

图 6-54   图 6-55

步骤 17 选择"横排文字工具"输入文字"一叶扁舟，烟雨漓江"，更改字体颜色（R：38、G：57、B：10），字号更改为45点，如图6-56所示。

步骤 18 继续输入文字"漓江风光有山青、水秀、洞奇、石美'四胜'之誉"，更改字体为"思源黑体CN"，字号更改为20点，如图6-57所示。

图 6-56   图 6-57

步骤 19 按Ctrl+'组合键显示网格，选择"圆角矩形工具"绘制圆角矩形，如图6-58所示。

步骤 20 按住Alt键移动复制圆角矩形，按Ctrl+T组合键自由变换矩形，向上拖动缩小形状的高度。按住Alt键分别复制圆角矩形，如图6-59所示。

步骤 21 执行"文件"|"置入嵌入对象"命令，分别置入素材图像，按Ctrl+Alt+G组合键创建剪贴蒙版，调整位置与大小，如图6-60所示。

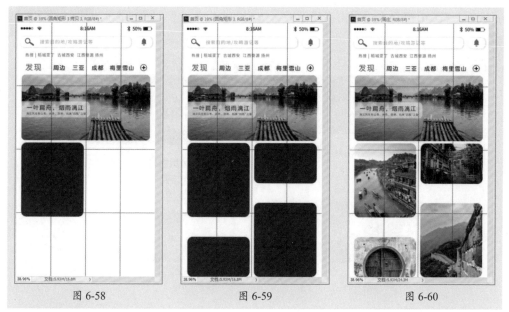

图 6-58　　　　　　　　　图 6-59　　　　　　　　　图 6-60

步骤 22 使用"选择工具"将"图标"文档中的图标移动到当前文档中，按Ctrl+T组合键自由变换图标，按住Shift键等比例调整图标大小，移动至合适位置，如图6-61所示。

步骤 23 选择"横排文字工具"输入文字"湖南凤凰古城"，更改字号为30点，如图6-62所示。

图 6-61　　　　　　　　　　　　　　　　图 6-62

步骤 24 选择"横排文字工具"输入文字"湖南 | 凤凰古城——去沈从文笔下的边城走一走~"，更改字体颜色为黑色，字号更改为24点，如图6-63所示。

步骤25 使用"选择工具"将"图标"文档中的图标移动到当前文档中，双击该图层，在弹出的"图层样式"对话框中单击"颜色叠加"项，吸取"搜索"图标的颜色进行填充，按Ctrl+T组合键自由变换图标，按住Shift键等比例调整图标大小并移动至合适位置，如图6-64所示。

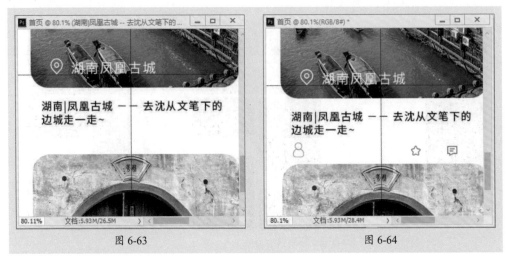

图 6-63   图 6-64

步骤26 选择"横排文字工具"输入文字"Brian""56""78"，更改填充颜色，字号更改为24点，如图6-65所示。

步骤27 框选步骤22~24创建的对象，按住Alt键复制移动至右侧图像下方，更改文字内容，如图6-66所示。

图 6-65   图 6-66

步骤28 选择"矩形工具"绘制圆角矩形，更改填充颜色（R：246、G：246、B：246），如图6-67所示。

步骤 29 按Ctrl+R组合键显示标尺，使用"选择工具"将"图标"文档中的图标移动到该文档中，双击该图层，在弹出的"图层样式"对话框中单击"颜色叠加"项，吸取步骤25图标的颜色进行填充，按Ctrl+T组合键自由变换图标，按住Shift键等比例调整图标大小，放至合适位置，如图6-68所示。

图 6-67　　　　　　　　　　　　　　　　　　图 6-68

步骤 30 新建图层，设置填充颜色为70%灰色，选择"自定形状工具" ✍，在属性栏的"形状"下拉列表中选择"购物车"项，按住Shift键绘制形状，如图6-69所示。

步骤 31 按住Alt键复制移动"搜索"图标，如图6-70所示。

图 6-69　　　　　　　　　　　　　　　　　　图 6-70

步骤 32 选择"横排文字工具"输入文字"首页""目的地""搜索""商城""我的"，字号更改为18点，如图6-71所示。

步骤 33 调整下端整体位置，按Ctrl+R组合键隐藏标尺，按Ctrl+;组合键隐藏参考线，按Ctrl+'组合键隐藏网格，如图6-72所示。

图 6-71　　　　　　　　　　　　　　　　　图 6-72

6.2.4　制作场景效果图

　　将上述界面保存为JPEG格式图像，通过"滤镜"|"消失点"命令制作场景效果图。

　　步骤 01 将素材文件拖动至Photoshop中，在"图层"面板中单击"创建新图层"按钮 □，新建空白图层，如图6-73所示。

　　步骤 02 将素材文件拖动到Photoshop中，按Ctrl+A组合键全选图像，按Ctrl+C组合键复制图像，如图6-74所示。

图 6-73

图 6-74

步骤 03 执行"滤镜"|"消失点"命令，在弹出的对话框中使用"创建平面工具" ▦ 创建平面，如图6-75所示。

图 6-75

步骤 04 按Ctrl+V组合键粘贴图像，按Ctrl+T组合键调整图像，如图6-76所示。

图 6-76

步骤 **05** 按Ctrl+J组合键复制图像，调整图层顺序，如图6-77所示。

步骤 **06** 选择"钢笔工具"沿大拇指边缘绘制路径，按Ctrl+Enter组合键创建选区，如图6-78所示。

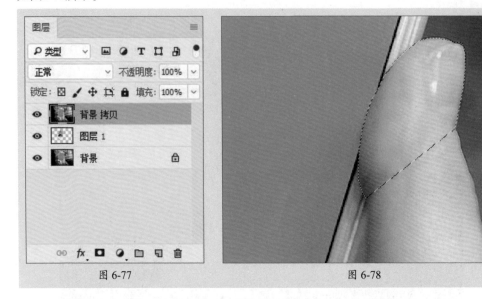

图 6-77   图 6-78

步骤 **07** 按Ctrl+J组合键复制图像，删除复制的图像图层，如图6-79所示。

步骤 **08** 按Ctrl+Shift+S组合键保存为JPEG格式图像，如图6-80所示。

图 6-79   图 6-80

步骤 **09** 将素材文件拖动到Photoshop中，按Ctrl+A组合键全选图像，按Ctrl+C组合键复制图像，如图6-81所示。

步骤 **10** 删除"图层1"，在"图层"面板中单击"创建新图层"按钮 🖿 ，新建空白图层，如图6-82所示。

图 6-81   图 6-82

步骤 **11** 执行 "滤镜" | "消失点" 命令，在弹出的对话框中按Ctrl+V组合键粘贴图像，按Ctrl+T组合键调整图像，如图6-83所示。

图 6-83

步骤 **12** 按Ctrl+Shift+S组合键保存为JPEG格式图像，如图6-84所示。

步骤 **13** 删除 "图层3"，在 "图层" 面板中单击 "创建新图层" 按钮，新建空白图层，如图6-85所示。

<table>
<tr><td>图 6-84</td><td>图 6-85</td></tr>
</table>

步骤 14 将素材文件拖动到Photoshop中，按Ctrl+A组合键全选图像，按Ctrl+C组合键复制图像，如图6-86所示。

图 6-86

步骤 15 执行"滤镜"|"消失点"命令，在弹出的对话框中按Ctrl+V组合键粘贴图像，按Ctrl+T组合键调整图像，如图6-87所示。

图 6-87

步骤 16 按Ctrl+Shift+S组合键保存为JPEG格式图像，如图6-88所示。

图 6-88

至此，完成闪屏页、注册页以及首页的制作。

项目练习

案例路径 云盘\实例文件\第6章\项目练习\制作旅行App详情页

项目背景 受七月旅行App所托,为其制作详情页界面,为客户了解旅行地点信息提供帮助,页面要简洁,以图文信息为主。

项目要求 ①界面简洁、版式清晰。

②以凤凰古城为例,图文结合。

③设计规格为1080px×1920px。

项目分析 以凤凰古城为例,上半部分为图像板块,可制作多图效果;下半部分为文字介绍部分。顶部为作者、关注以及分享效果,底部制作一个评论和收藏的效果。

项目效果 图6-89。

图 6-89

课时安排 2课时。

第 **7** 章

赛事海报设计

本章概述

　　海报是一种信息传递的艺术，是一种大众化的宣传工具。一般的海报通常含有通知性，所以主题应该明确显眼、一目了然（如××比赛、打折等），接着以最简洁的语句概括出如时间、地点、附注等主要内容。海报的插图、布局的美观性通常是吸引眼球的很好方法。在实际生活中，海报分为比较抽象的和具体的。

要点难点

● 制作故障效果　★★☆
● 制作文字效果　★★☆

7.1 设计作品标签

为了更好地完成本设计案例，现对制作要求及设计内容做如下规划。

作品名称 赛事海报设计

作品尺寸 50cm×70cm

作品说明 ①整体风格为故障艺术风。

②使用卡丁赛车手、场地图像、观众欢呼图像并进行拼合。

③添加赛事信息文字，展现海报内容。

应用软件 Photoshop

案例路径 云盘\实例文件\第7章\赛事海报设计

7.2 制作赛事海报

本案例制作的是卡丁车赛事海报。整体风格为故障艺术风，故障艺术的特点就是颜色与图像都是失真破碎、错位变形的。这种效果可通过图层样式中的"混合选项"实现。

7.2.1 制作海报背景

置入图像，通过蒙版进行拼合，表达出赛场激烈的赛况和观众反响热烈的氛围。通过图层样式命令，制作出故障风背景效果。

步骤 01 启动Photoshop，单击"新建"按钮，或按Ctrl+N组合键，在弹出的"新建文档"对话框中设置参数，单击"创建"按钮即可，如图7-1所示。

图 7-1

步骤 02 执行"文件"|"置入嵌入对象"命令，在弹出的对话中置入目标素材，按住Shift键等比例调整图像，如图7-2所示。

步骤 03 按Ctrl+J组合键复制该图层，双击复制后的图层，在弹出的"图层样式"对话框中取消勾选"B（B）"复选框，如图7-3所示。

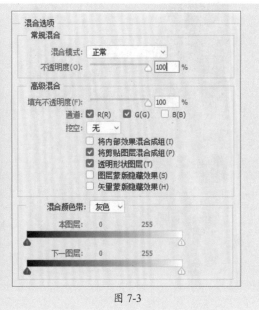

图 7-2

图 7-3

步骤 04 按键盘上的上、下、左、右键调整图像，如图7-4所示。

步骤 05 按Ctrl+J组合键复制该图层，双击复制后的图层，在弹出的"图层样式"对话框中取消勾选"G（G）"复选框，勾选"B（B）"复选框，如图7-5所示。

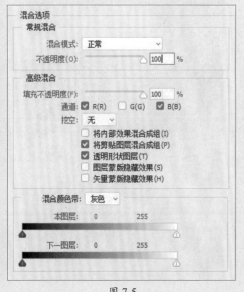

图 7-4

图 7-5

步骤 06 按键盘上的上、下、左、右键调整图像，如图7-6所示。

步骤 07 按Ctrl+J组合键复制该图层，双击复制后的图层，在弹出的"图层样式"对话框中取消勾选"R（R）"复选框，勾选"G（G）"复选框，如图7-7所示。

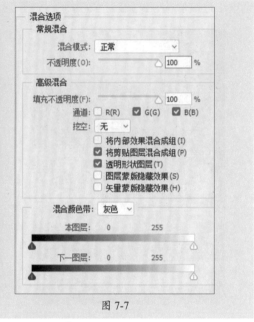

图 7-6   图 7-7

步骤 08 按键盘上的上、下、左、右键调整图像，如图7-8所示。

步骤 09 执行"文件"|"置入嵌入对象"命令，在弹出的对话中置入目标素材，按住Shift键等比例调整图像，如图7-9所示。

图 7-8   图 7-9

步骤 10 单击"图层"面板底部的"添加图层蒙版"按钮 ▢ ，如图7-10所示。

步骤 11 按D键将前景色和背景色重置为黑、白色，选择"画笔工具" ✎ ，单击蒙版缩览图，在页面处涂抹，如图7-11、图7-12所示。

图 7-10   图 7-11   图 7-12

步骤 12 按Ctrl+J组合键复制该图层，双击复制后的图层，在弹出的"图层样式"对话框中取消勾选"R（R）"复选框，如图7-13所示。

步骤 13 按键盘上的上、下、左、右键调整图像，如图7-14所示。

图 7-13   图 7-14

步骤 **14** 按Ctrl+J组合键复制该图层，双击复制后的图层，在弹出的"图层样式"对话框中取消勾选"G（G）"复选框，如图7-15所示。

步骤 **15** 按键盘上的上、下、左、右键调整图像，如图7-16所示。

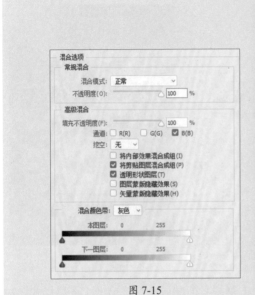

图 7-15　　　　　　　　　　　　图 7-16

步骤 **16** 执行"文件"|"置入嵌入对象"命令，在弹出的对话中置入目标素材，调整不透明度为58%，如图7-17所示。

步骤 **17** 单击"图层"面板底部的"添加图层蒙版"按钮 ◻，选择"画笔工具" ✐，单击蒙版缩览图，在页面处涂抹调整，如图7-18所示。

图 7-17　　　　　　　　　　　　图 7-18

步骤18 按Ctrl+J组合键复制该图层，双击复制后的图层，在弹出的"图层样式"对话框中取消勾选"G（G）""B（B）"复选框，如图7-19所示。

步骤19 按键盘上的上、下、左、右键调整图像，如图7-20所示。

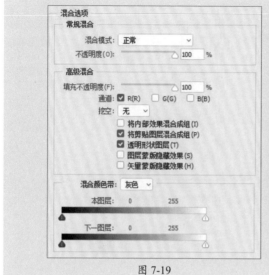

图 7-19

图 7-20

7.2.2 添加装饰、文字部分

通过图层样式以及滤镜中的"风"命令制作主体文字效果，置入旗帜图形并二次处理作为修饰。最后输入活动信息，置入二维码。

步骤01 选择"横排文字工具"输入文字"激情时速""燃擎卡丁车"，在"字符"面板中设置参数，如图7-21、图7-22所示。

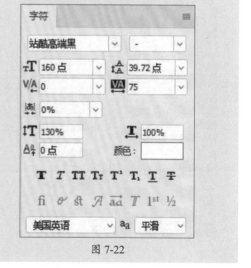

图 7-21

图 7-22

步骤 02 选中两组文字，按Ctrl+J组合键复制图层，按Ctrl+E组合键合并图层，隐藏文字图层，如图7-23所示。

步骤 03 双击该图层，在弹出的"图层样式"对话框中单击"斜面和浮雕"项，设置参数，如图7-24所示。

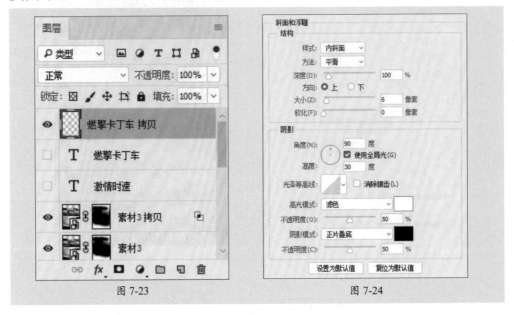

图 7-23   图 7-24

步骤 04 单击"确定"按钮，效果如图7-25所示。

步骤 05 按Ctrl+J组合键复制图层，执行"滤镜"|"风格化"|"风"命令，在弹出的对话框中设置参数，如图7-26所示。

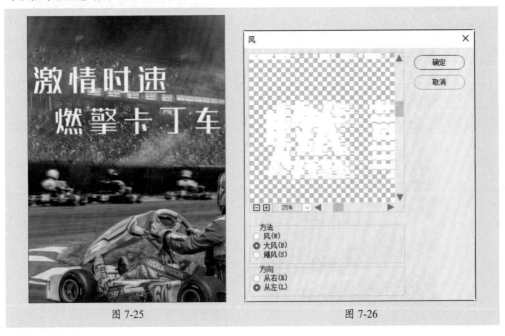

图 7-25   图 7-26

步骤 06 按Ctrl+J组合键复制该图层，双击复制后的图层，在弹出的"图层样式"对话框中取消勾选"R（R）"复选框，如图7-27所示。

步骤 07 按键盘上的上、下、左、右键调整图像，如图7-28所示。

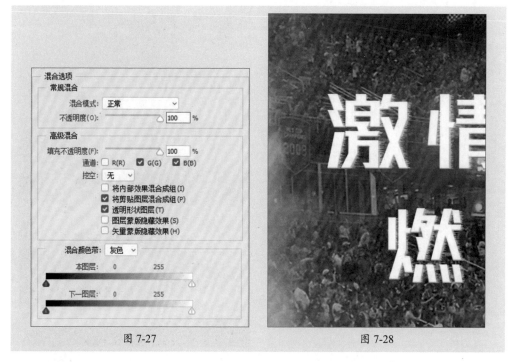

图 7-27   图 7-28

步骤 08 按Ctrl+J组合键复制该图层，移动该图层至文字图层上方，如图7-29所示。

步骤 09 双击移动的图层，在弹出的"图层样式"对话框中勾选"R（R）"复选框，取消勾选"G（G）""B（B）"复选框，如图7-30所示。

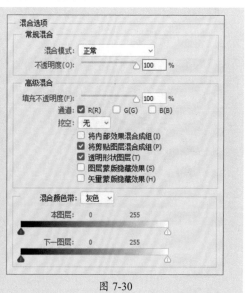

图 7-29   图 7-30

149

步骤 10 按键盘上的上、下、左、右键调整图像，如图7-31所示。

步骤 11 按住Shift键加选上述三组文字，按Ctrl+T组合键自由变换文字，按住Shift键等比例调整文字大小，如图7-32所示。

| 图 7-31 | 图 7-32 |

步骤 12 执行"文件"|"打开"命令，在弹出的对话框中选择素材文件，如图7-33所示。

步骤 13 单击"锁定"按钮🔒，解锁背景图层。选择"钢笔工具"，沿旗帜边缘创建路径，如图7-34所示。

| 图 7-33 | 图 7-34 |

步骤 14 按Ctrl+Enter组合键创建选区，如图7-35所示。

步骤 15 按Delete键删除选区，按Ctrl+D组合键取消选择，如图7-36所示。

图 7-35

图 7-36

步骤 16 将旗帜图像拖动至海报文档中，按Ctrl+T组合键自由变换，按住Shift键调整角度与大小，移动至文字下方，调整不透明度为32%，如图7-37、图7-38所示。

图 7-37

图 7-38

步骤 17 按Ctrl+J组合键复制该图层，双击复制后的图层，在弹出的"图层样式"对话框中取消勾选"R（R）"复选框，如图7-39所示。

步骤 18 按Ctrl+T组合键自由变换图像，按住Shift键调整图像角度与大小，在"图层"面板中上移一层，效果如图7-40所示。

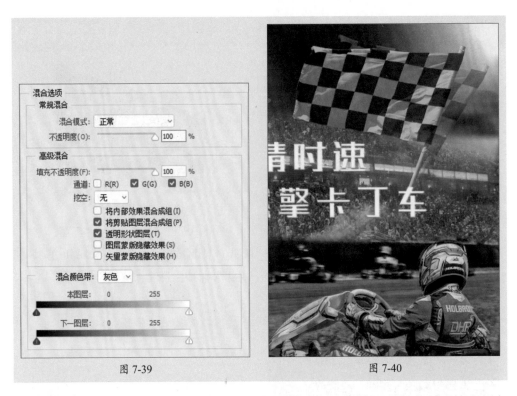

图 7-39   图 7-40

步骤 **19** 选择"圆角矩形工具"绘制圆角矩形，在"属性"面板中更改填充颜色（R：1、G：47、B：75），设置圆角半径为80像素，如图7-41、图7-42所示。

图 7-41   图 7-42

步骤 **20** 选择"横排文字工具"输入文字"报名时间",在"字符"面板中设置字体为"思源黑体CN"、字号为42点、字距为200,颜色为白色,如图7-43、图7-44所示。

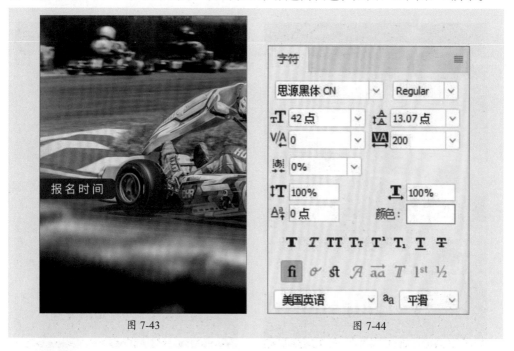

图 7-43   图 7-44

步骤 **21** 按Ctrl+R组合键显示标尺,创建参考线,如图7-45所示。

步骤 **22** 继续输入文字"2022年8月8日~8月12日",在"字符"面板中更改字号为30点、字距为75,如图7-46所示。

图 7-45   图 7-46

步骤23 选中圆角矩形和文字，按住Alt键向下移动复制，如图7-47所示。

步骤24 更改文字，如图7-48所示。

图 7-47

图 7-48

步骤25 执行"文件"|"置入嵌入对象"命令，在弹出的对话框中置入目标素材，按住Shift键等比例调整图像，如图7-49所示。

步骤26 选择"横排文字工具"输入文字"扫码了解详情"，在"字符"面板中设置参数，如图7-50、图7-51所示。

图 7-49

图 7-50

图 7-51

步骤 27 选择"横排文字工具"输入文字"主办单位：江宁市卡丁车协会"，在"字符"面板中设置参数，如图7-52、图7-53所示。

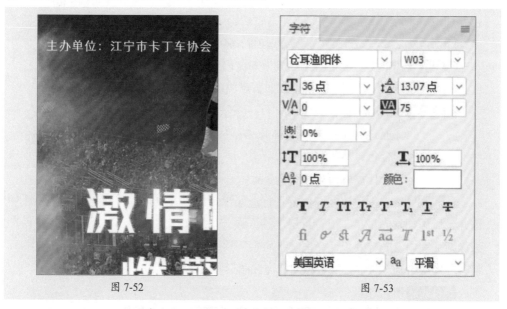

图 7-52　　　　　　　　　　　　　　　　　　图 7-53

步骤 28 按住Alt键复制文字，更改文字为"承办单位：江宁市盛德传媒有限公司"，如图7-54所示。

图 7-54

至此，完成赛事海报的制作。

项目练习

案例路径 云盘\实例文件\第7章\项目练习\球赛海报设计

项目背景 赛事类海报在当今已成为潮流趋势，但大部分赛事类的海报都缺乏自己的特点和创意创新。受大学生32届赛事委员会委托，为其制作赛事海报。

项目要求 ①具有整体性，色调统一，色彩不能过于复杂，突出比赛的类别。

②通过将主体文字立体化增强视觉冲击力，字体的颜色选用奖杯的金色，体现赛事的特点。

③设计规格为58cm×81cm。

项目分析 首先创建镜像渐变背景打造景深效果，添加放射状发光条和素材图像，最后添加发光星星，使背景层次感更强。添加文字并进行变形，通过为文字添加渐变和内发光等效果，突出文字质感。然后在Photoshop中创建立体足球，并将其导入至Illustrator中，最后添加装饰性图形和文字。

项目效果 图7-55。

图 7-55

课时安排 2课时。

第 **8** 章

图书封面设计

　　封面设计主要分为两大类——图书和杂志，其中以图书的封面设计为多。世界各地每天都出版很多图书，封面的表现对于图书来说非常重要。本章我们就来介绍图书封面的制作过程。

要点难点

● 制作封面 ★★☆
● 制作书脊 ★☆☆
● 制作封底 ★★☆

8.1 设计作品标签 /////////////////////////////////////

为了更好地完成本设计案例，现对制作要求及设计内容做如下规划。

> **作品名称** 图书封面设计
>
> **作品尺寸** 380mm × 260mm
>
> **作品说明** ①图书封面主色调为浅灰色，绘制矩形框架置入素描图像。
>
> ②图书书脊用黄色、绿色进行搭配，置入图书名以及出版社信息。
>
> ③图书封底的主色调同封面，置入图书介绍信息、条形码。
>
> **应用软件** InDesign
>
> **案例路径** 云盘\实例文件\第8章\图书封面设计

8.2 制作图书封面 /////////////////////////////////////

本案例制作的是图书封面。图书主色调为灰色，绘制矩形框架置入图像，绘制黄色、绿色矩形进行修饰。最后添加图书文字信息。

8.2.1 制作图书封面图片

在InDesign中创建图书封面、书脊、封底分栏。封面背景颜色为灰色，绘制矩形框架并置入图像，输入图书信息名称。

步骤01 执行"文件"|"新建"|"文档"命令，在弹出的"新建文档"对话框中设置参数，如图8-1所示。

步骤02 单击"边距和分栏"按钮，在弹出的"新建边距和分栏"对话框中设置参数，如图8-2所示。

图 8-1

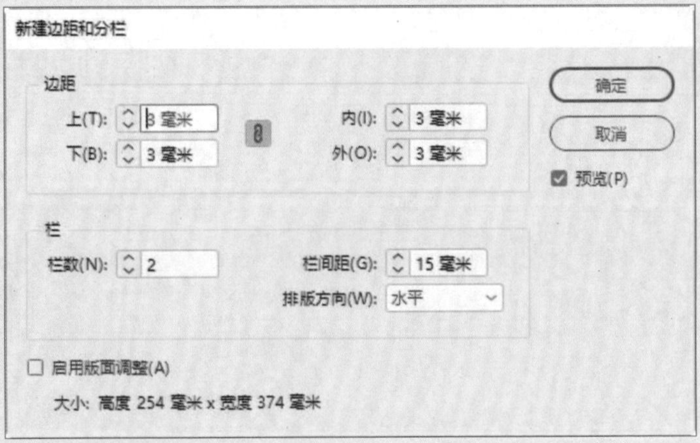

图 8-2

步骤 03 创建的空白文档，如图8-3所示。

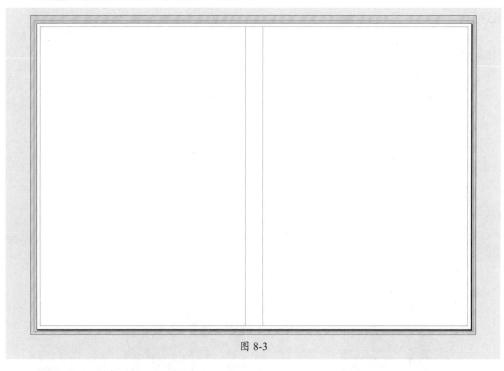

图 8-3

步骤 04 选择"矩形框架工具"绘制128mm×102mm的框架，执行"文件"|"置入"命令，置入素材文件并调整其大小，如图8-4所示。

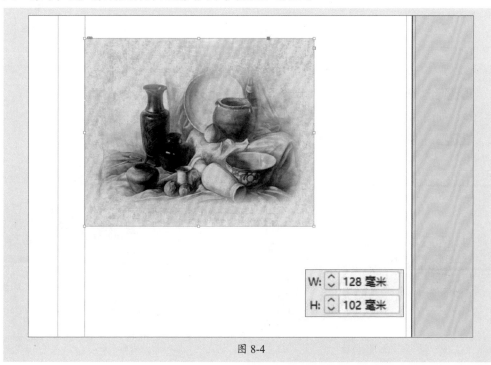

图 8-4

知识链接 置入的图像在默认情况下以低分辨率来显示图像以提高性能。选中目标图像，执行"视图"|"显示性能"命令，在子菜单中可对整个画面的显示方式进行设置更改，如图8-5所示。

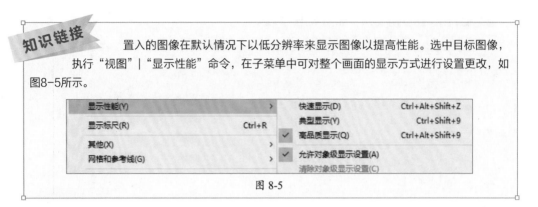

图 8-5

步骤 05 选择"矩形工具"绘制54mm×42mm的矩形，填充颜色为绿色（C：77、M：15、Y：99、K：0），如图8-6所示。

步骤 06 选择"矩形框架工具"绘制与矩形等高的框架，执行"文件"|"置入"命令，置入素材文件并调整其大小，如图8-7所示。

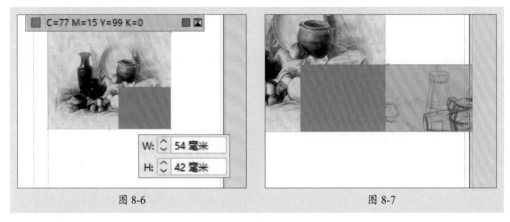

图 8-6   图 8-7

步骤 07 选择"矩形工具"绘制矩形，填充颜色为灰色（C：15、M：12、Y：11、K：0），如图8-8所示。

步骤 08 按住Alt键复制灰色矩形，放置在右下角并调整大小，如图8-9所示。

图 8-8   图 8-9

步骤 09 选择"矩形工具"绘制矩形,填充颜色为(C:8、M:6、Y:7、K:0),如图8-10所示。

步骤 10 选择"钢笔工具"绘制闭合路径,选择"吸管工具"吸取绿色作为矩形的颜色,如图8-11所示。

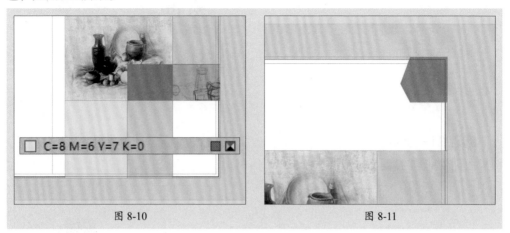

图 8-10   图 8-11

💬 **技巧点拨**

使用"钢笔工具"时,按住Shift键可绘制直线。

步骤 11 选择"钢笔工具"绘制闭合路径,填充黑色,设置不透明度为30%,如图8-12所示。

步骤 12 选择"文字工具"拖动绘制文本框并输入文字"素描",在控制面板中设置参数,颜色为棕色(C:73、M:72、Y:67、K:32),如图8-13所示。

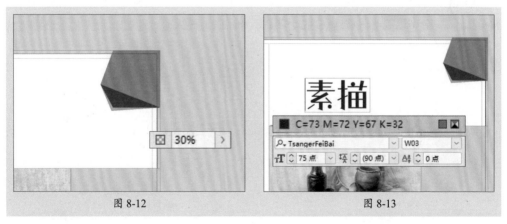

图 8-12   图 8-13

步骤 13 选择"文字工具"拖动绘制文本框并输入文字"入门教程",在"字符"面板中设置参数,如图8-14、图8-15所示。

图 8-14   图 8-15

步骤14 按住Alt键移动复制文本框，更改文字内容为"零基础学画画"，在"字符"面板中更改字号为22点，如图8-16、图8-17所示。

图 8-16   图 8-17

步骤15 选择"文字工具"拖动绘制文本框并输入文字"高等院校职业技能实训规划教材"，在"字符"面板中设置参数，如图8-18、图8-19所示。

图 8-18   图 8-19

步骤16 按住Alt 键移动复制文本框并更改文字内容为"李雷 韩梅梅 编著"，如图8-20所示。

步骤17 执行"文件"|"置入"命令，置入素材文件并调整其大小，如图8-21所示。

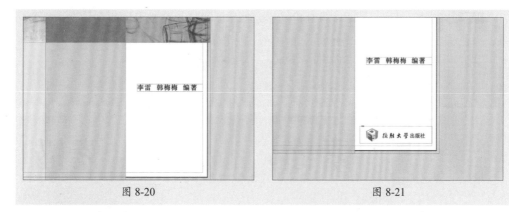

图 8-20   图 8-21

步骤18 更改绿色矩形的不透明度为80%，如图8-22所示。

步骤19 选择"文字工具"拖动绘制文本框并输入文字，如图8-23所示。

图 8-22   图 8-23

步骤20 在"字符"面板中更改参数，如图8-24、图8-25所示。

图 8-24   图 8-25

8.2.2　制作图书书脊

选择矩形工具绘制矩形，分别填充黄色、绿色。置入图书名以及出版社信息。

步骤01 选择"矩形工具"绘制矩形，选择"吸管工具"吸取黄色进行填充，如图8-26所示。

步骤 02 选择"直线工具",按住Shift键绘制水平直线,在控制面板中设置描边为16点、白色、"三线",如图8-27所示。

图 8-26   图 8-27

步骤 03 选择"直排文字工具" ⏐T,拖动绘制文本框并输入文字,在控制面板中设置参数,如图8-28、图8-29所示。

图 8-28   图 8-29

步骤 04 选择"矩形工具"绘制15mm×58mm的矩形,选择"吸管工具"吸取绿色进行填充,如图8-30所示。

步骤 05 执行"文件"|"置入"命令,置入素材文件并调整其大小,如图8-31所示。

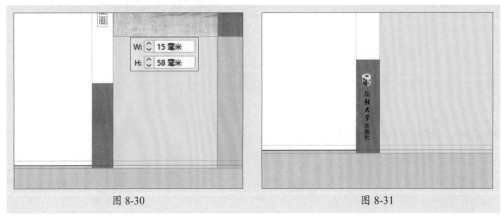

图 8-30   图 8-31

8.2.3 制作图书封底

图书背面主要的信息包括本书包含的附加信息、价格等。背面相对于正面商业化很多，所以背面的一些重要元素不能少。

步骤 01 选择"矩形工具"绘制矩形并填充黑色，在控制面板中调整不透明度为10%，如图8-32、图8-33所示。

图 8-32　　　　　　　　　　　　　图 8-33

步骤 02 选择"文字工具"拖动绘制文本框并输入文字，在"字符"面板中设置参数，如图8-34、图8-35所示。

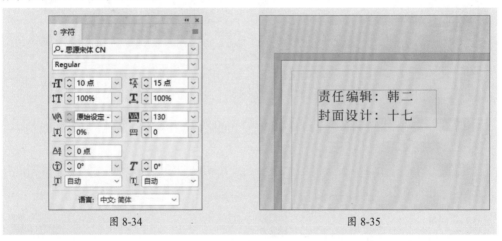

图 8-34　　　　　　　　　　　　　图 8-35

步骤 03 选择"矩形框架工具"绘制78mm×50mm的框架，执行"文件"|"置入"命令，置入素材文件并调整其大小，如图8-36所示。

步骤 04 继续绘制91mm×50mm的框架，执行"文件"|"置入"命令，置入素材文件并调整其大小，如图8-37所示。

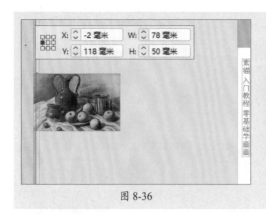
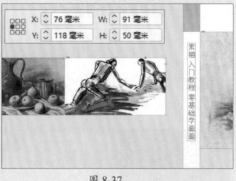

图 8-36　　　　　　　　　　　　　图 8-37

步骤 05 选择"矩形工具"绘制等高矩形并填充灰色（C：23、M：16、Y：13、K：0），如图8-38所示。

步骤 06 选择"矩形工具"绘制118mm×5mm的矩形，填充白色，如图8-39所示。

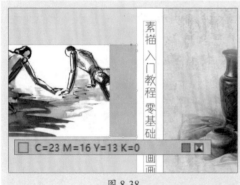

图 8-38　　　　　　　　　　　　　图 8-39

步骤 07 选择"矩形工具"绘制118mm×5mm的矩形，选择"吸管工具"吸取黄色进行填充，如图8-40所示。

步骤 08 按住Shift键单击选择两个矩形，按住Alt键水平移动并复制矩形，如图8-41所示。

图 8-40　　　　　　　　　　　　　图 8-41

步骤09 在控制面板中设置参考点为中心点▦，单击"水平翻转"按钮▷◁，如图8-42所示。

步骤10 选择黄色矩形，选择"吸管工具"吸取绿色进行填充，如图8-43所示。

图 8-42   图 8-43

步骤11 选择"文字工具"拖动绘制文本框并输入文字，在"字符"面板中设置参数，如图8-44、图8-45所示。

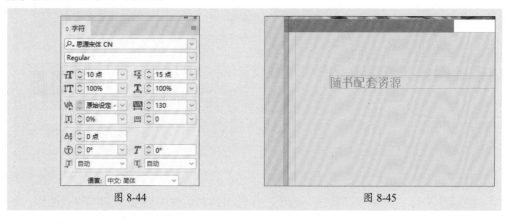

图 8-44   图 8-45

步骤12 选择"文字工具"拖动绘制文本框并输入文字，在"字符"面板中设置参数，如图8-46、图8-47所示。

图 8-46   图 8-47

步骤 13 框选两组文字，按住Alt键向下垂直移动复制，选择"文字工具"更改文字内容，如图8-48所示。

步骤 14 执行"文件"|"置入"命令，置入素材文件并调整其大小，如图8-49所示。

图 8-48

图 8-49

步骤 15 选择"文字工具"拖动绘制文本框并输入文字，在控制面板中设置参数，如图8-50、图8-51所示。

图 8-50

图 8-51

步骤 16 执行"文件"|"导出"命令，在弹出的对话框中导出为JPEG格式图像，如图8-52所示。

步骤 17 启动Photoshop，打开素材文件，如图8-53所示。

图 8-52

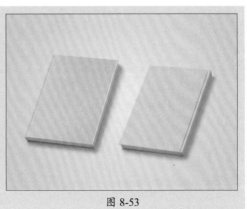
图 8-53

步骤 **18** 在"图层"面板中，双击"样机封面"智能图层，转到新的图层，如图8-54所示。

步骤 **19** 执行"文件"|"置入嵌入对象"命令，在弹出的"置入"对话框中置入图书封面，如图8-55所示。

图 8-54   图 8-55

步骤 **20** 按Ctrl+S组合键保存文件，回到原文档，如图8-56所示。

图 8-56

至此，完成图书封面的制作。

项目练习

案例路径 云盘\实例文件\第8章\项目练习\制作茶道目录

项目背景 茶道，就是品尝茶的美感之道。茶道源于中国，之后又传入西方。受茶道委员会所托，为其制作茶道图书目录。

项目要求 ①背景为白色，样式简洁大方。

②可选用和茶相关的插画与文字进行搭配。

③设计规格为420mm×297mm。

项目分析 茶道目录设计背景颜色为白色。选择文字工具输入文字，使用段落样式与目录命令制作目录。在图书目录右侧置入图像，使其居中对齐。最后添加小图像进行装饰。

项目效果 图8-57。

茶道

就是品赏茶的美感之道。
茶被视为一种烹茶饮茶的生活艺术，
一种以茶为媒的生活礼仪，
一种以茶修身的生活方式。
它通过泡茶、赏茶、闻茶、饮茶、增进友谊，
美心修德，学习礼法，
领略传统美德，
是很有益的一种和美仪式。
喝茶能静心、静神，
有助于陶冶情操，去除杂念。

目录

传统茶面

图 8-57

课时安排 2课时。

第 **9** 章

画册内页设计

本章概述

　　画册设计可以用流畅的线条，有个人及企业风貌和理念的图片或优美文字，组合成一本能宣传产品、品牌形象的精美画册，富有创意，有可赏性。画册是图文并茂的一种理想表达，相对于单一的文字或图片，画册有着无与伦比的绝对优势。

要点难点

- 制作目录页 ★★☆
- 制作内页版式 ★★☆
- 制作样机效果 ★☆☆

9.1 设计作品标签

为了更好地完成本设计案例，现对制作要求及设计内容做如下规划。

作品名称 二十四节气画册内页设计

作品尺寸 210mm×210mm

作品说明 ①画册内页为10页，1~2页为目录页，3~10页为春、夏、秋、冬二十四节气介绍。

②目录页绘制矩形色块，置入图像，在顶部的矩形中创建剪贴蒙版，添加二十四节气介绍。

③剩下的页面置入和节气相关的自然图像，添加相关节气介绍。

应用软件 InDesign、Photoshop

案例路径 云盘\实例文件\第9章\二十四节气画册内页设计

9.2 制作二十四节气画册内页

本案例制作的是二十四节气内页画册。二十四节气大致可分为春、夏、秋、冬四个季节，每个季节6个节气。画册中选用和季节节气相关的图像，添加简洁的介绍文字。

9.2.1 制作目录页

画册中的目录可以不用标页数，左侧为目录以及二十节气的介绍，右侧则为四大季节节气的分类介绍。

步骤 01 执行"文件"|"新建"|"文档"命令，在弹出的"新建文档"对话框中设置参数，如图9-1所示。

图 9-1

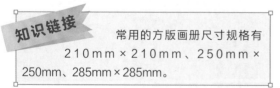

知识链接 常用的方版画册尺寸规格有210mm×210mm、250mm×250mm、285mm×285mm。

步骤 02 单击"边距和分栏"按钮，在弹出的"新建边距和分栏"对话框中设置参数，如图9-2所示。

图 9-2

步骤 03 选择"矩形框架工具"绘制345mm×88mm的框架，执行"文件"|"置入"命令，置入素材文件并调整其大小，如图9-3所示。

图 9-3

步骤 04 选择"矩形工具"绘制33mm×64mm的矩形，设置描边为无，填充颜色为深绿色（C：83、M：55、Y：95、K：25），置于底层，如图9-4所示。

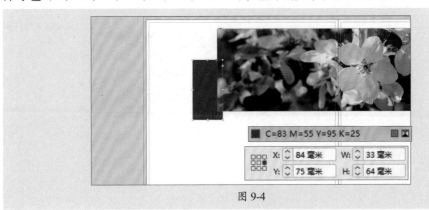

图 9-4

步骤 05 选择"矩形工具"绘制25mm×64mm的矩形，设置描边为无，填充颜色为白色，如图9-5所示。

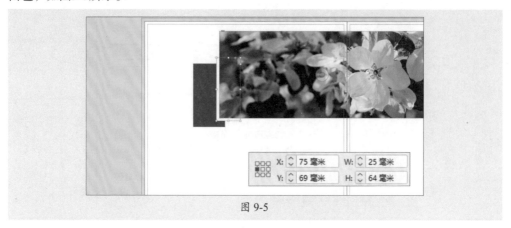

图 9-5

步骤 06 选择"直排文字工具"拖动绘制文本框并输入文字"目录"，在"字符"面板中设置参数，颜色为白色，如图9-6、图9-7所示。

图 9-6   图 9-7

步骤 07 选择"直线工具"按住Shift键绘制直线，在控制面板中设置描边为深绿色、16点，如图9-8所示。

图 9-8

步骤 08 选择"矩形工具"绘制和框架等大的矩形，填充白色，如图9-9所示。

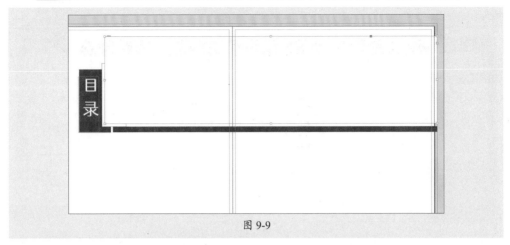

图 9-9

步骤 09 在控制面板中调整矩形不透明度为40%，如图9-10所示。

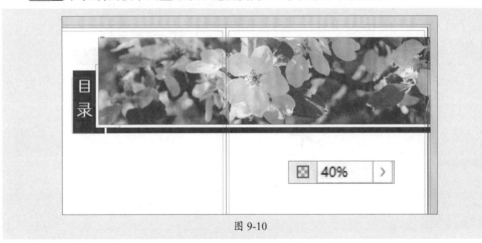

图 9-10

步骤 10 选择"文字工具"拖动绘制文本框并输入文字"春"，如图9-11所示。

图 9-11

步骤 11 选择"矩形工具"绘制矩形，填充白色，覆盖一半"春"字，如图9-12所示。

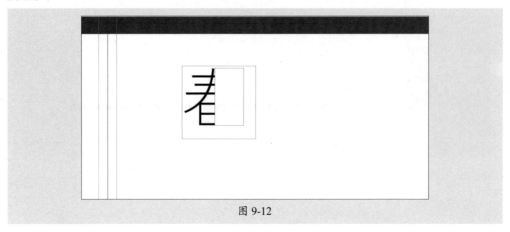

图 9-12

步骤 12 选择"文字工具"拖动绘制文本框并输入文字"SPRING"，在控制面板中设置字号为14点，如图9-13所示。

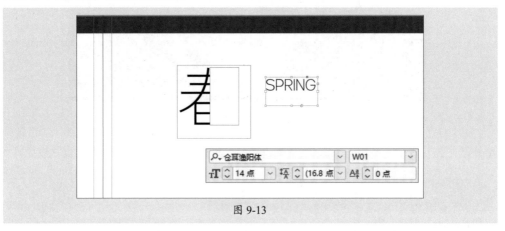

图 9-13

步骤 13 在控制面板中单击"顺时针旋转90°"按钮，调整摆放位置，如图9-14所示。

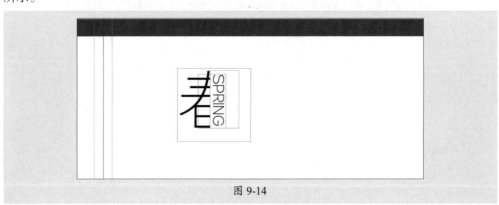

图 9-14

步骤 14 选择 "文字工具" 拖动绘制文本框并输入文字, 在控制面板中设置参数, 如图9-15所示。

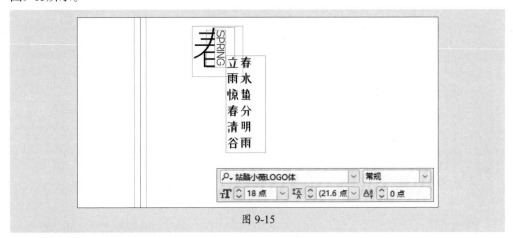

图 9-15

步骤 15 按住Alt键复制并更改文字, 如图9-16所示。

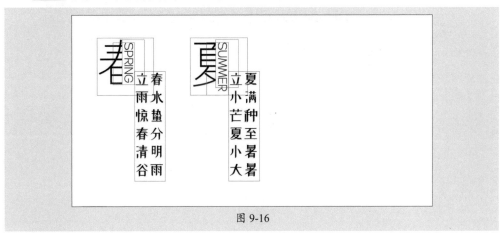

图 9-16

步骤 16 按住Alt键复制文字并更改摆放位置和文字内容, 如图9-17所示。

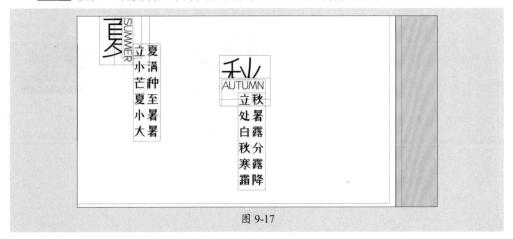

图 9-17

步骤 **17** 按住Alt键复制文字并更改摆放位置和文字内容，如图9-18所示。

图 9-18

步骤 **18** 框选每组文字，按Ctrl+G组合键创建编组，在控制面板中单击"垂直居中分布"按钮 ▮▮，如图9-19所示。

图 9-19

步骤 **19** 选择"文字工具"拖动绘制文本框并输入文字，在控制面板中设置参数，如图9-20、图9-21所示。

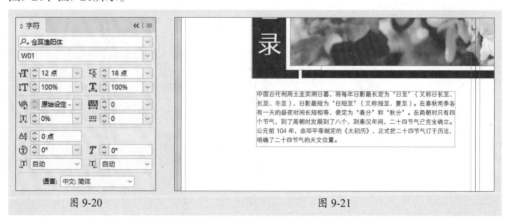

图 9-20　　　　　　　　　　　　　　　　图 9-21

步骤 20 选择"矩形工具"在左下角绘制58mm×19mm的矩形，设置描边为无，填充深绿色，如图9-22所示。

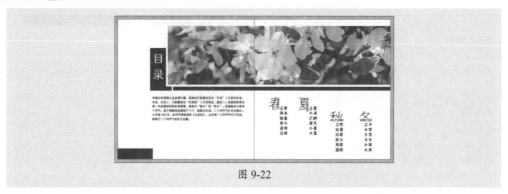

图 9-22

9.2.2　制作春季节气

春季的节气有立春、雨水、惊蛰、春分、清明、谷雨。置入与节气相关的图像，添加相关简短介绍。

步骤 01 选择"矩形框架工具"绘制213mm×81mm的框架，执行"文件"|"置入"命令，置入素材文件，在控制面板中单击"按比例填充框架"按钮🖵，如图9-23所示。

图 9-23

步骤 02 选择"文字工具"拖动绘制文本框并输入文字"立春"，在控制面板中设置参数，如图9-24所示。

图 9-24

步骤 03 选择"文字工具"拖动绘制文本框并输入文字，在"字符"面板中设置参数，如图9-25、图9-26所示。

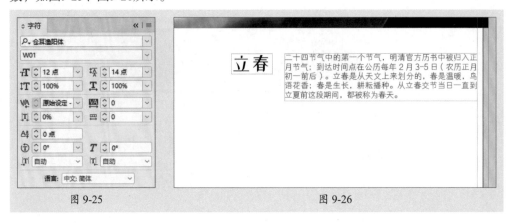

图 9-25　　　　　　　　　　　　　　　　　图 9-26

步骤 04 选择"矩形工具"绘制28mm×3mm的矩形，设置描边为无，填充浅绿色（C：59、M：11、Y：100、K：0），如图9-27所示。

图 9-27

步骤 05 按住Alt键复制文字组，调整第二组排版，如图9-28所示。

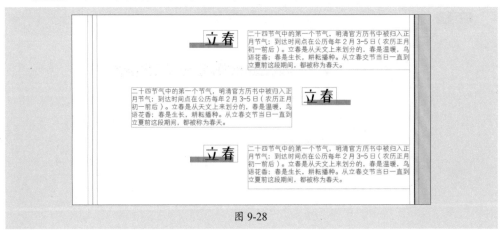

图 9-28

步骤 06 更改文字，如图9-29所示。

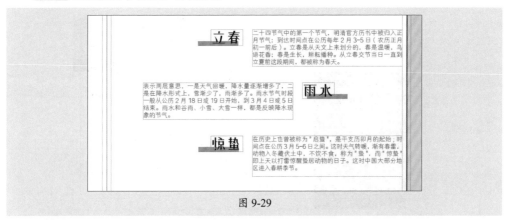

图 9-29

步骤 07 选择"矩形框架工具"绘制89mm×135mm的框架，执行"文件"|"置入"命令，置入素材文件，在控制面板中单击"按比例填充框架"按钮，调整位置，如图9-30所示。

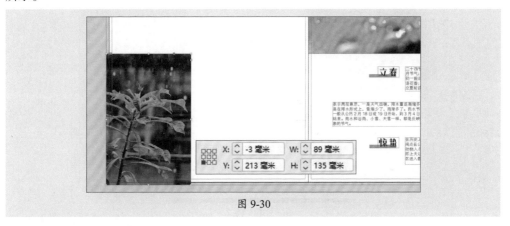

图 9-30

步骤 08 按住Alt键移动复制文字组，在控制面板中单击"水平居中对齐"按钮，如图9-31所示。

图 9-31

步骤 09 更改文字，如图9-32所示。

图 9-32

步骤 10 按住Alt键复制第一版面的对象，执行"文字"|"创建轮廓"命令，如图9-33所示。

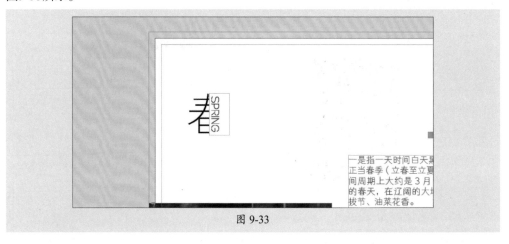

图 9-33

步骤 11 按住Shift键调整大小，如图9-34所示。

图 9-34

步骤 **12** 按住Shift键选择文字部分，更改填充颜色为深绿色，如图9-35所示。

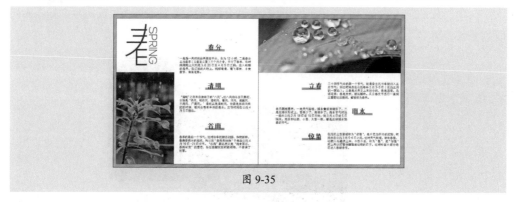

图 9-35

9.2.3　制作夏季节气

夏季的节气有立夏、小满 、芒种、夏至、小暑、大暑。置入与节气相关的图像，添加相关简短介绍。

步骤 **01** 选择"矩形框架工具"绘制94mm×152mm的框架，执行"文件"|"置入"命令，置入素材文件，在控制面板中单击"按比例填充框架"按钮 ▣ ，按住Shift键调整大小，如图9-36所示。

图 9-36

步骤 **02** 在控制面板中设置角选项，圆角10毫米，如图9-37所示。

图 9-37

步骤 03 选择"矩形框架工具"绘制160mm×102mm的框架,执行"文件"|"置入"命令,分别置入素材文件,在控制面板中单击"按比例填充框架"按钮 ▤ ,如图9-38所示。

图 9-38

步骤 04 在控制面板中设置描边为8点、白色,圆角3毫米,如图9-39所示。

图 9-39

步骤 05 按住Alt键移动复制上一版面的文字组,如图9-40所示。

图 9-40

步骤 06 更改文字，如图9-41所示。

图 9-41

步骤 07 按Ctrl+C组合键复制第一版面的对象，按Ctrl+V组合键粘贴，执行"文字"|"创建轮廓"命令，按住Shift键调整大小，如图9-42所示。

图 9-42

步骤 08 按住Shift键选择文字部分，更改填充颜色（C：90、M：61、Y：61、K：16），如图9-43所示。

图 9-43

9.2.4 制作秋季节气

秋季的节气有立秋、处暑、白露、秋分、寒露、霜降。置入与节气相关的图像，添加相关简短介绍。

步骤 01 选择"矩形框架工具"绘制90mm×216mm的框架，执行"文件"|"置入"命令，分别置入素材文件，在控制面板中单击"按比例填充框架"按钮，按住Shift键调整大小，如图9-44所示。

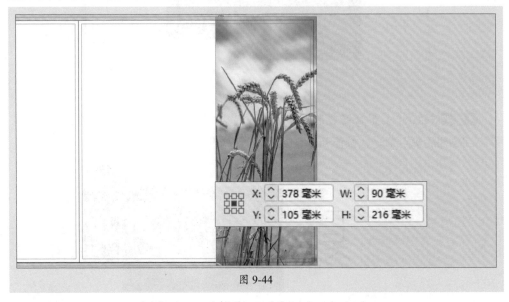

图 9-44

步骤 02 按住Alt键移动复制上一版面的文字组，如图9-45所示。

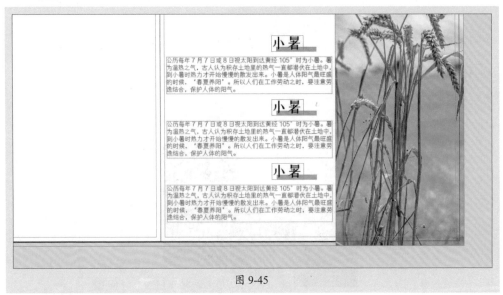

图 9-45

步骤 03 更改文字，如图9-46所示。

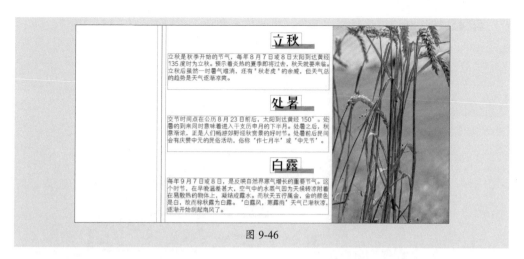

图 9-46

步骤 04 更改矩形填充颜色（C：2、M：42、Y：75、K：0），如图9-47所示。

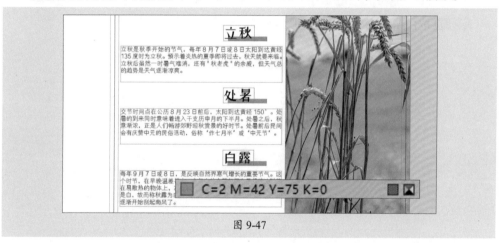

图 9-47

步骤 05 按Ctrl+C组合键复制第一版面的对象，按Ctrl+V组合键粘贴，执行"文字"|"创建轮廓"命令，按住Shift键调整大小，图9-48所示。

图 9-48

步骤 06 按住Shift键选择文字部分，更改填充颜色（C：11、M：55、Y：76、K：0），如图9-49所示。

图 9-49

步骤 07 按住Alt键移动复制上一版面的文字组，如图9-50所示。

图 9-50

步骤 08 更改文字，按住Shift键选择矩形，选择"吸管工具"吸取黄色进行矩形颜色填充，如图9-51所示。

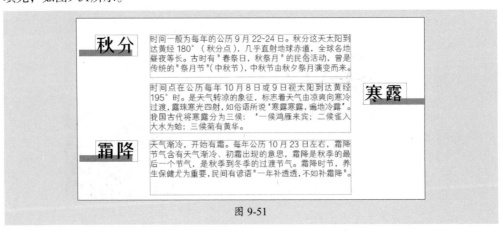

图 9-51

步骤 09 选择"矩形框架工具"绘制213mm×107mm的框架，执行"文件"|"置入"命令，置入素材文件，在控制面板中单击"按比例填充框架"按钮▨，如图9-52所示。

图 9-52

9.2.5 制作冬季节气

冬季的节气有立冬、小雪、大雪、冬至、小寒、大寒。置入与节气相关的图像，添加相关简短介绍。

步骤 01 选择"矩形框架工具"绘制180mm×80mm的框架，按住Alt键移动复制，如图9-53所示。

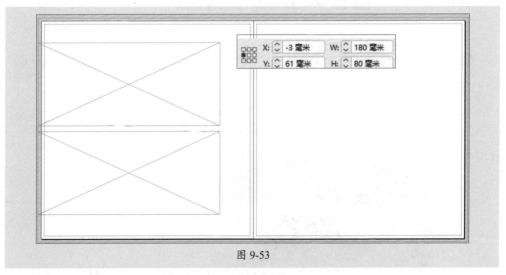

图 9-53

步骤 02 执行"文件"|"置入"命令，分别置入素材文件，在控制面板中单击"按比例填充框架"按钮▨，如图9-54所示。

图 9-54

步骤 03 按Ctrl+C组合键复制第一版面的对象，按Ctrl+V组合键粘贴，执行"文字"|"创建轮廓"命令，按住Shift键调整大小，如图9-55所示。

图 9-55

步骤 04 按住Shift键选择文字部分，更改填充颜色（C：84、M：62、Y：6、K：0），如图9-56所示。

图 9-56

步骤 05 按住Alt键复制白色矩形，调整图层顺序，如图9-57、图9-58所示。

图 9-57   图 9-58

步骤 06 按住Alt键移动复制上一版面的文字组，如图9-59所示。

图 9-59

步骤 07 更改文字和矩形填充颜色（C：79、M：43、Y：16、K：0），如图9-60所示。

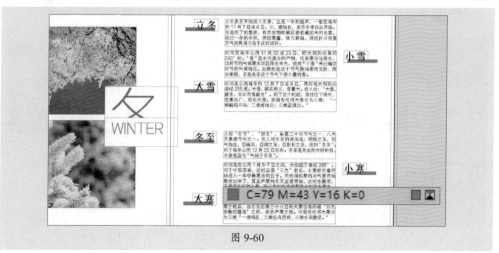

图 9-60

步骤 **08** 选择"直线工具",按住Shift键绘制直线,在控制面板中设置描边参数,如图9-61所示。

图 9-61

步骤 **09** 执行"文件"|"导出"命令,导出JPEG格式图像,如图9-62所示。

图 9-62

9.2.6 制作画册样机效果

将JPEG格式图像拖动至Photoshop,通过智能图像置入图像制作样机效果。

步骤 **01** 将JPEG格式图像拖动至Photoshop,选择"裁剪工具",在属性栏设置大小为210mm×210mm,如图9-63所示。

图 9-63

步骤 **02** 调整裁剪区域,按Enter键完成裁剪,如图9-64、图9-65所示。

图 9-64   图 9-65

步骤 03 按Ctrl+Shift+S组合键，在弹出的"另存为"对话框中设置参数，如图9-66所示。

步骤 04 按Ctrl+Alt+Z组合键后退，重复裁剪操作步骤，如图9-67所示。

图 9-66

图 9-67

步骤 05 使用相同的操作，对剩下的图形进行裁剪、保存，如图9-68所示。

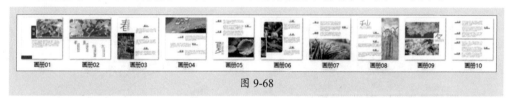

图 9-68

步骤 06 执行"文件"|"打开"命令，在弹出的对话框中打开素材文件，如图9-69所示。

步骤 07 在"图层"面板中双击"左"智能图像图层，如图9-70所示。

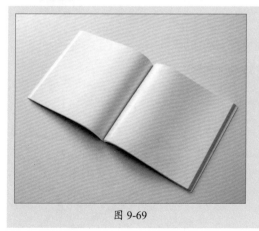

图 9-69

图 9-70

步骤 **08** 在弹出的文档中，执行"文件"|"置入嵌入对象"命令，置入素材图像，如图9-71所示。

步骤 **09** 按Shift+S组合键，回到原文档，如图9-72所示。

图 9-71

图 9-72

步骤 **10** 在"图层"面板中双击"右"智能图像图层，在弹出的文档中，执行"文件"|"置入嵌入对象"命令，置入素材图像，如图9-73所示。

步骤 **11** 按Shift+S组合键，回到原文档，按Ctrl+Shift+S组合键保存图像，如图9-74所示。

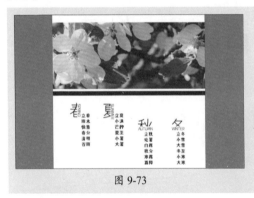

图 9-73

图 9-74

步骤 **12** 更新智能图像并保存第二版图像效果，如图9-75所示。

步骤 **13** 更新智能图像并保存第三版图像效果，如图9-76所示。

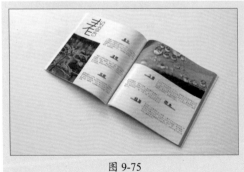

图 9-75

图 9-76

步骤 14 更新智能图像并保存第四版图像效果，如图9-77所示。

图 9-77

步骤 15 更新智能图像并保存第五版图像效果，如图9-78所示。

图 9-78

至此，完成二十四节气画册的制作。

项目练习

案例路径 云盘\实例文件\第9章\项目练习\制作宣传单

项目背景 某房产开发商推出新的商铺，为扩大宣传增加商铺的成交量，特委托本公司为其制作该商铺的宣传单。

项目要求 ①宣传单一面为Logo和店铺名称、店铺地址、联系方式。

②另一页排版以图文并茂的方式呈现，以起到宣传目的。

③设计规格为42.3cm×29.1cm。

项目分析 新建文件并添加渐变背景，通过将自定义图案作为背景贴图，丰富背景的层次，然后添加标志及文字信息，最后调整作品色调，使其看起来更加明亮。另外一个版面上三分之二部分为拼合图像，在下部分添加文字信息。

项目效果 图9-79、图9-80。

图 9-79

图 9-80

课时安排 2课时。

第10章

家居网页设计

本章概述

　　网站首页是一个网站的入口网页。当消费者打开网页就立刻能明白是干什么的，那么这个网站就成功了一半，所以在设计网页的时候一定要明确主题。其次要有鲜明的对比性，色彩要尽可能使人产生看下去的愿望。最后要有亮点，能够吸引人往下浏览。

要点难点

● 制作导航栏　★★☆
● 绘制立体图形　★★★

10.1　设计作品标签

为了更好地完成本设计案例，现对制作要求及设计内容做如下规划。

作品名称 家居网站首页设计

作品尺寸 1920px×5380px

作品说明 ①通过创建参考线建立网页的板块，主要包括注册栏及导航栏、banner、内容区域以及页脚区域。

②使用Photoshop自定形状工具以及Illustrator绘制图标。

③置入图像，添加文本信息，使网页更加完整。

应用软件 Photoshop、Illustrator

案例路径 云盘\实例文件\第10章\家居网站设计

10.2　制作家居网站首页

本案例制作的是家居网站首页。网站首页又称网站主页，是用户了解网站的第一步，通常包括搜索栏、banner、产品展示图以及用户登录入口等。

10.2.1　制作注册栏及导航栏

通过创建参考线建立网页的板块。输入文字、置入标志，使用自定形状工具绘制搜索和购物图标。

步骤 01 启动Photoshop，单击"新建"按钮，或按Ctrl+N组合键，在弹出的"新建文档"对话框中设置参数，单击"创建"按钮即可，如图10-1所示。

步骤 02 执行"视图"｜"新建参考线版面"命令，在弹出的"新建参考线版面"对话框中设置参数，如图10-2所示。

图 10-1

图 10-2

步骤 03 执行"视图"|"新建参考线"命令，在弹出的"新建参考线"对话框中设置"位置"为40像素，如图10-3所示。

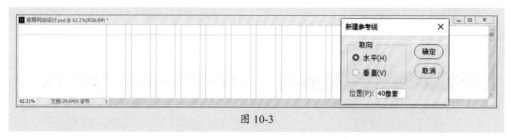

图 10-3

步骤 04 选择"矩形工具"绘制矩形并填充黑色，如图10-4所示。

图 10-4

步骤 05 选择"横排文字工具"输入文字"下载APP"，设置文字为"思源黑体CN"、字号为14点、字距为75，如图10-5所示。

步骤 06 按住Shift+Alt组合键水平复制文字，分别更改文字内容为"登录 |""注册 |""我的账户"。选中三组文字，单击"按左分布"按钮，如图10-6所示。

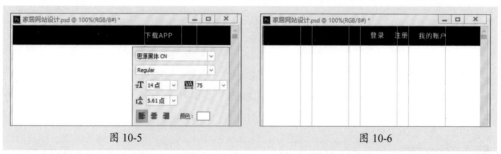

图 10-5　　　　　　　　　　　　　　　　　图 10-6

步骤 07 执行"视图"|"新建参考线"命令，在弹出的"新建参考线"对话框中设置"位置"为180像素，如图10-7、图10-8所示。

图 10-7　　　　　　　　　　　　　　　　　图 10-8

步骤08 执行"文件"|"置入嵌入对象"命令，在弹出的对话中置入目标素材，按住Shift键等比例调整图像，如图10-9所示。

步骤09 选择"横排文字工具"输入文字"关于SEVEN"，更改字号为24点，如图10-10所示。

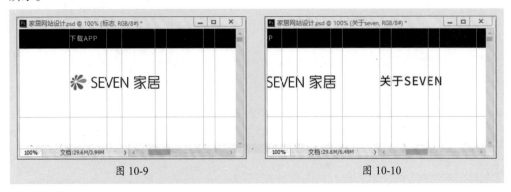

图 10-9　　　　　　　　　　　　　　　图 10-10

步骤10 使用相同的方法继续输入文字，选中全部文字，单击"垂直居中对齐"按钮
∔、"水平居中分布"按钮 **⊮**，如图10-11所示。

图 10-11

步骤11 新建图层，设置填充颜色为70%灰色，选择"自定形状工具" ⚙，在属性栏
"形状"下拉列表中分别选择"搜索""购物车"，按住Shift键绘制形状，如图10-12所示。

图 10-12

10.2.2 制作Banner区域

绘制矩形，置入图像创建剪贴蒙版，添加简单的文字信息。

步骤 01 执行"视图"|"新建参考线"命令，在弹出的"新建参考线"对话框中设置"位置"为1020像素，如图10-13所示。

步骤 02 选择"矩形工具"绘制矩形，如图10-14所示。

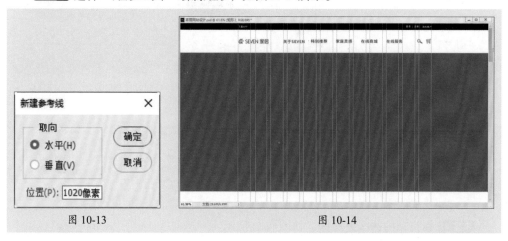

图 10-13　　　　　　　　　　　　　图 10-14

步骤 03 执行"文件"|"置入嵌入对象"命令，在弹出的对话中置入目标素材，按住Shift键等比例调整图像，按Ctrl+Alt+G组合键创建剪贴蒙版，如图10-15、图10-16所示。

图 10-15　　　　　　　　　　　　　图 10-16

步骤 04 右击鼠标，在弹出的菜单中选择"栅格化图层"选项，如图10-17所示。

步骤 05 选择"矩形框架工具"框选图像，按Ctrl+T组合键自由变换图像，向右拉动选区，按Ctrl+D组合键取消选区，如图10-18所示。

图 10-17   图 10-18

步骤 06 选择"混合画笔",在属性栏中设置参数,如图10-19所示。

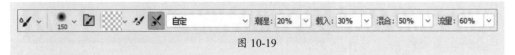

图 10-19

步骤 07 在拉动的选区处涂抹,如图10-20所示。

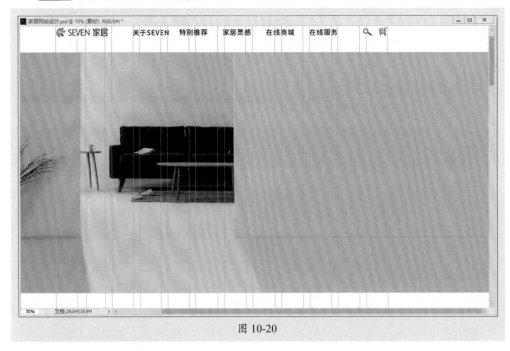

图 10-20

步骤 08 选择"横排文字工具"输入文字"轻生活 | 私人定制",在"字符"面板中设置参数,颜色为深灰色(R:53、G:49、B:44),如图10-21所示。

步骤 09 选中文字"私人定制",将字号更改为48点,如图10-22所示。

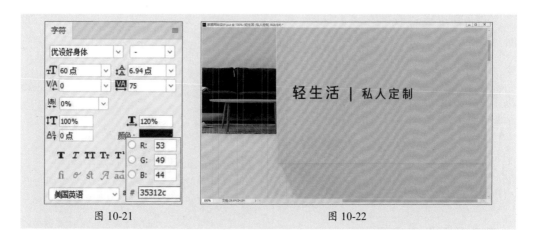

图 10-21   图 10-22

步骤 10 选择"横排文字工具"输入文字"享受一站式整体空间解决方案，用美学打造温馨舒适的家"，在"字符"面板中设置参数，如图10-23、图10-24所示。

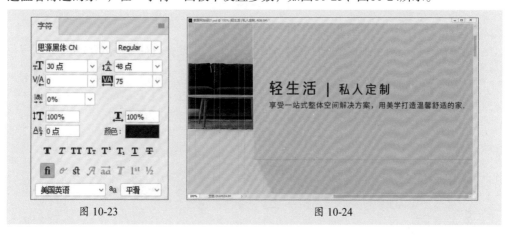

图 10-23   图 10-24

步骤 11 选择"圆角矩形工具"绘制圆角矩形，在"属性"面板中设置圆角半径，填充颜色为深灰色，如图10-25所示。

步骤 12 更改矩形的不透明度为40%，如图10-26所示。

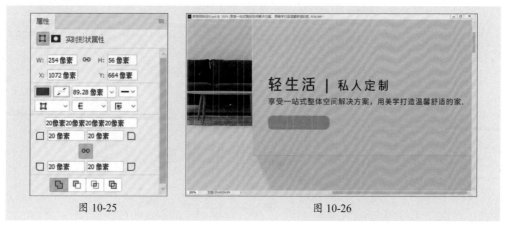

图 10-25   图 10-26

步骤13 选择"横排文字工具",在矩形上方输入文字"点击预约定制>",如图10-27所示。

步骤14 更改符号">"字号为24点,如图10-28所示。

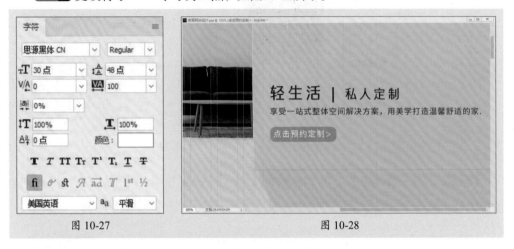

图 10-27   图 10-28

步骤15 选择"圆角矩形工具"绘制多个圆角矩形,填充白色,如图10-29所示。

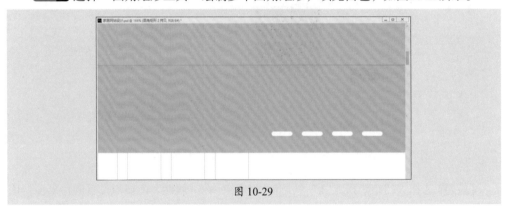

图 10-29

步骤16 双击第二个圆角矩形,在弹出的"拾色器"对话框中,使用"吸管工具"吸取步骤11中圆角矩形的颜色进行填充,如图10-30所示。

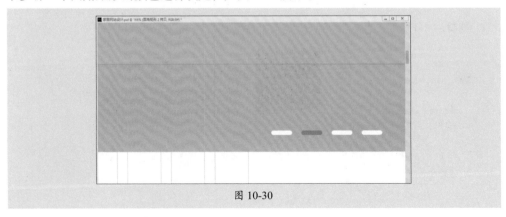

图 10-30

10.2.3　制作内容区域1

在Illustrator中绘制图标，置入Photoshop中添加的文字信息，创建叠加可滑动的空间定制系列图像。

步骤 01 启动Illustrator，新建任意大小文档，选择"椭圆工具" ◎，按住Shift+Alt组合键从中心等比例创建正圆，描边为4pt，颜色设置为深棕色（R：35、G：24、B：21），如图10-31所示。

步骤 02 选择"剪刀工具" ✂在正圆右下方单击断开路径，如图10-32所示。

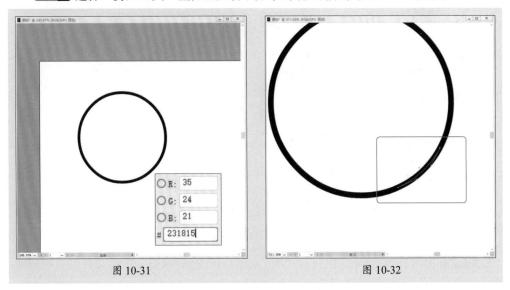

图 10-31　　　　　　　　　　　　　图 10-32

步骤 03 按Delete键删除断开的路径，如图10-33所示。

步骤 04 选择"钢笔工具"绘制路径，更改描边颜色，如图10-34所示。

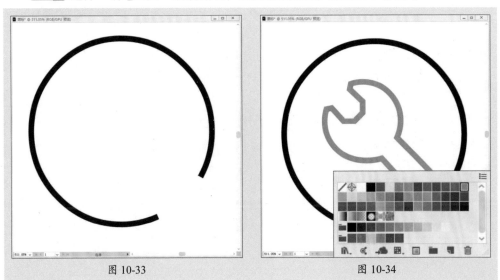

图 10-33　　　　　　　　　　　　　图 10-34

步骤 05 使用绘图工具绘制其他图标，如图10-35所示。

步骤 06 单击"画板工具" ⬚，执行"文件"|"导出"|"导出为"命令，在弹出的"导出"对话框中选择PNG格式存储，勾选"使用画板"复选框，单击"导出"按钮，在弹出的"PNG选项"对话框中设置参数，如图10-36所示。

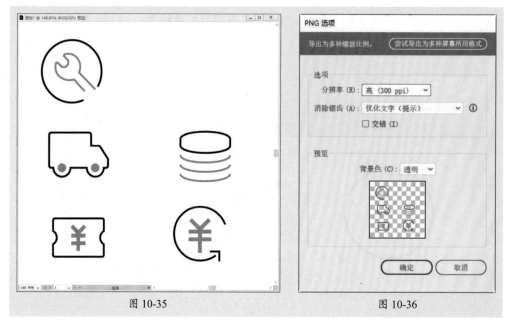

图 10-35   图 10-36

步骤 07 回到Photoshop，执行"文件"|"打开"命令，打开图标文件，如图10-37所示。

步骤 08 选择"矩形选框工具" ⬚框选每个图标，按Ctrl+X组合键剪切，按Ctrl+V组合键粘贴，形成独立图层，如图10-38所示。

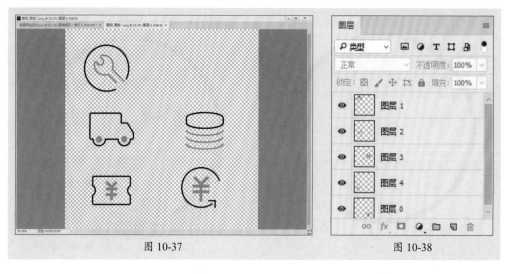

图 10-37   图 10-38

步骤 09 选中全部图层拖动到网页文档中，按Ctrl+T组合键自由变换图标，按住Shift键等比例调整图标大小，如图10-39所示。

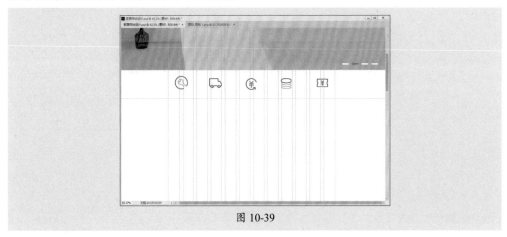

图 10-39

步骤 10 选择"直线工具"，按住Shift键绘制直线，如图10-40所示。

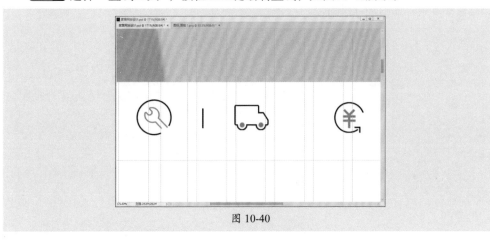

图 10-40

步骤 11 按住Alt键移动复制直线，如图10-41所示。

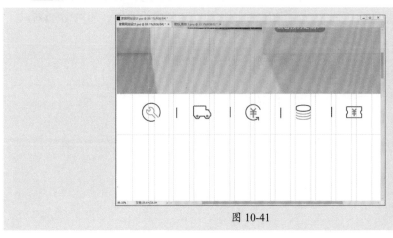

图 10-41

步骤12 框选五组图标和直线，单击属性栏中的"垂直居中对齐"按钮，"水平居中分布"按钮，如图10-42所示。

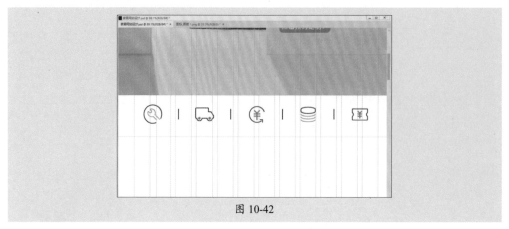

图 10-42

步骤13 选择"横排文字工具"输入文字"终身维修"，字体颜色更改为黑色，按住Alt键移动复制，如图10-43所示。

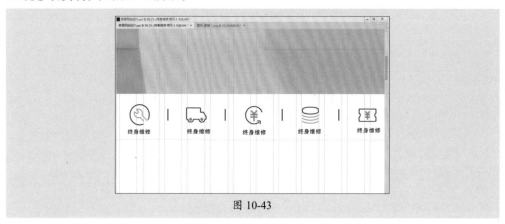

图 10-43

步骤14 更改文字内容。选中文字，单击属性栏中的"垂直居中对齐"按钮、"水平居中分布"按钮。选中全部文字和图标向上移动，使其居中对齐，如图10-44所示。

图 10-44

步骤 **15** 选择"横排文字工具"输入文字"空间定制系列",在"字符"面板中设置
参数,如图10-45、图10-46所示。

图 10-45   图 10-46

步骤 **16** 选择"横排文字工具"输入文字"SPACE CUSTOM SERIES",在"字符"
面板中设置参数,如图10-47、图10-48所示。

图 10-47   图 10-48

步骤 **17** 按Ctrl+'组合键显示网格线,选择"矩形工具"绘制矩形,如图10-49所示。

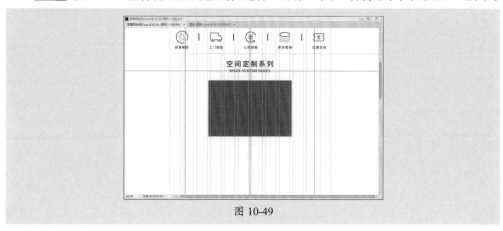

图 10-49

步骤 18 按住Alt键移动复制两组矩形，更改颜色，如图10-50所示。

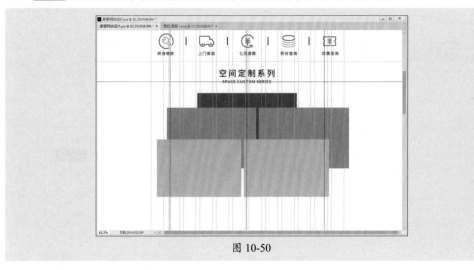

图 10-50

步骤 19 在"图层"面板中更改图层顺序，如图10-51、图10-52、图10-53所示。

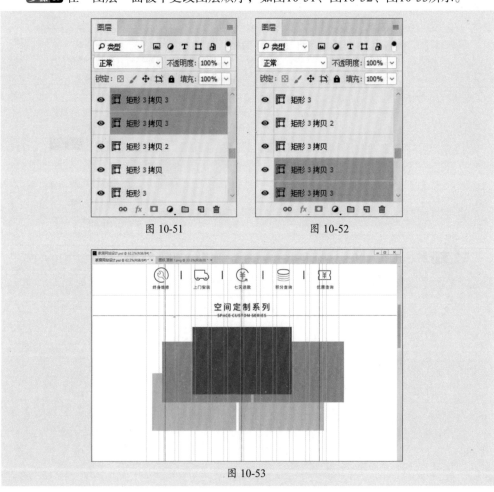

图 10-51   图 10-52

图 10-53

步骤20 调整矩形位置，选中五个矩形，单击属性栏中的"垂直居中对齐"按钮 ，如图10-54所示。

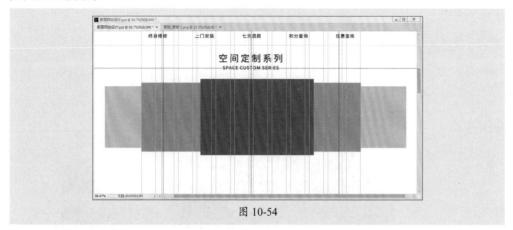

图 10-54

步骤21 执行"文件"|"置入嵌入对象"命令，按住Shift键等比例调整图像，按Ctrl+Alt组合键创建剪贴蒙版，如图10-55、图10-56所示。

图 10-55　　　　　　　　　　　　　　　　　图 10-56

步骤22 使用相同的方法置入素材图像，创建剪贴蒙版，如图10-57所示。

图 10-57

步骤 **23** 新建图层，设置填充颜色为白色，选择"自定形状工具" ，在属性栏的"形状"下拉列表中选择"后退"，按住Shift键绘制形状，调整不透明度为50%，如图10-58所示。

图 10-58

步骤 **24** 按住Alt键复制"后退"图标，右击鼠标，在弹出的菜单中选择"水平翻转"选项，如图10-59所示。

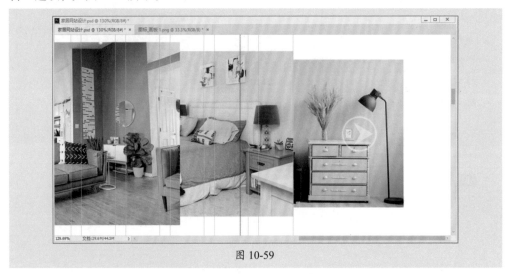

图 10-59

10.2.4　制作内容区域2

绘制矩形，置入产品、资讯以及地图图像，调整颜色并添加相关信息。

步骤 **01** 选择"矩形工具"绘制矩形，如图10-60所示。

步骤 **02** 执行"文件"|"置入嵌入对象"命令，按住Shift键等比例调整图像，按Ctrl+Alt组合键创建剪贴蒙版，如图10-61所示。

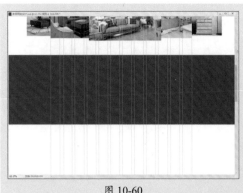
图 10-60

图 10-61

步骤 03 调整图层不透明度为50%，如图10-62、图10-63所示。

图 10-62

图 10-63

步骤 04 按住Shift+Alt组合键复制移动小标题，如图10-64所示。

步骤 05 更改文字，使其居中对齐，如图10-65所示。

图 10-64

图 10-65

步骤 06 按Ctrl+R组合键显示标尺，创建参考线，如图10-66所示。

步骤 07 选择"矩形工具"绘制矩形，设置间距为0.6cm，如图10-67所示。

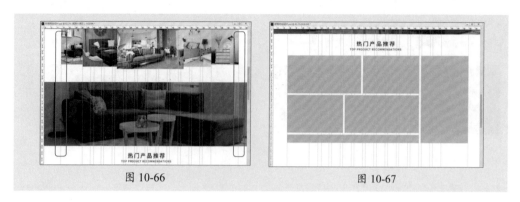

图 10-66   图 10-67

步骤 08 执行"文件"|"置入嵌入对象"命令，按住Shift键等比例调整图像，按
Ctrl+Alt组合键创建剪贴蒙版，如图10-68所示。

步骤 09 更改填充颜色，床（R：206、G：225、B：225）、台灯（R：154、G：
18、B：8）、梳妆台（R：250、G：243、B：226）、沙发（R：206、G：218、B：
194）、扶手椅（R：208、G：222、B：237）、空白矩形（R：160、G：19、B：19），
如图10-69所示。

图 10-68   图 10-69

步骤 10 选择"圆角矩形工具"绘制圆角半径为15像素的圆角矩形，选择"吸管工
具"吸取深绿色床的颜色进行填充，如图10-70所示。

步骤 11 选择"横排文字工具"输入文字"双人床"，设置字号为24点。输入"¥----"，
设置字号为14点，颜色为白色。输入"单击了解详情>>"，更改颜色为深绿色，如图10-71
所示。

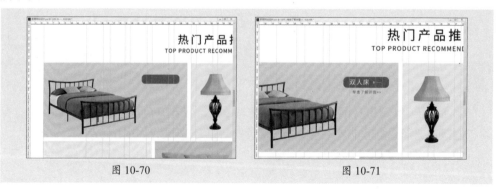

图 10-70   图 10-71

步骤 12 按住Shift键选择圆角矩形与文字，按住Alt键复制四组，如图10-72所示。

步骤 13 更改文字"单击了解详情"与圆角矩形的颜色，台灯（R：155、G：158、B：165）、梳妆台（R：207、G：181、B：117）、沙发（R：73、G：122、B：25）、扶手椅（R：63、G：97、B：148），更改文字内容，如图10-73所示。

图 10-72 　　　　　　　　　　　　　　　图 10-73

步骤 14 选择"横排文字工具"输入文字"＞＞了解更多产品信息＜＜"，设置字号为20点，颜色为深灰色（R：43、G：43、B：43），如图10-74所示。

步骤 15 按住Shift+Alt组合键复制移动小标题，更改文字，使其居中对齐，如图10-75所示。

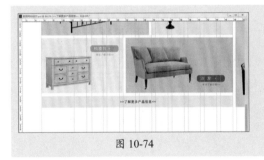 

图 10-74 　　　　　　　　　　　　　　　图 10-75

步骤 16 选择"矩形工具"绘制矩形，如图10-76所示。

步骤 17 执行"文件"|"置入嵌入对象"命令，按住Shift键等比例调整图像，按Ctrl+Alt组合键创建剪贴蒙版，如图10-77所示。

图 10-76 　　　　　　　　　　　　　　　图 10-77

步骤 **18** 选择"横排文字工具"输入文字，设置字号为36点，如图10-78所示。

步骤 **19** 按住Alt键移动复制并更改文字，如图10-79所示。

图 10-78　　　　　　　　　　　　　　　图 10-79

步骤 **20** 选择"矩形工具"绘制矩形，更改填充颜色为无，描边为2像素、黑色，如图10-80所示。

步骤 **21** 选择"横排文字工具"输入文字，设置字号为24点，如图10-81所示。

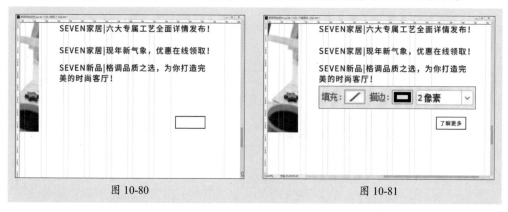

图 10-80　　　　　　　　　　　　　　　图 10-81

步骤 **22** 执行"视图"|"新建参考线"命令，在弹出的"新建参考线"对话框中设置"位置"为4800像素，如图10-82所示。

步骤 **23** 选择"矩形工具"绘制矩形，如图10-83所示。

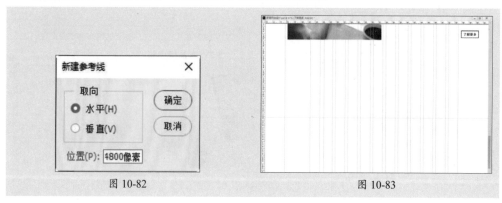

图 10-82　　　　　　　　　　　　　　　图 10-83

步骤 24 选择"矩形工具"绘制矩形，如图10-84所示。

步骤 25 执行"文件"|"置入嵌入对象"命令，按住Shift键等比例调整图像，按Ctrl+Alt组合键创建剪贴蒙版，如图10-85所示。

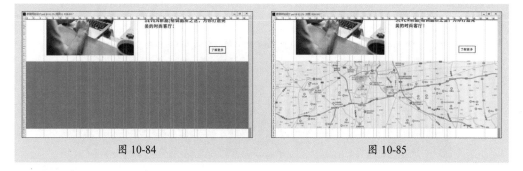

图 10-84　　　　　　　　　　　　　图 10-85

步骤 26 更改图层不透明度为50%，双击矩形图标，在弹出的拾色器中设置颜色为白色，如图10-86所示。

步骤 27 选择"矩形工具"绘制矩形，设置填充颜色为白色，描边为1像素的黑色，如图10-87所示。

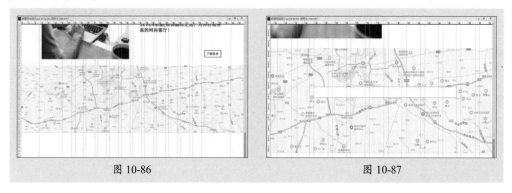

图 10-86　　　　　　　　　　　　　图 10-87

步骤 28 选择"横排文字工具"输入文字"搜索SEVEN线下门店"，设置字号为18点，颜色为浅灰色（R：103、G：103、B：103），如图10-88所示。

步骤 29 按住Alt键复制文字并更改文字内容为"查看全部门店>>"，设置字号为20点，如图10-89所示。

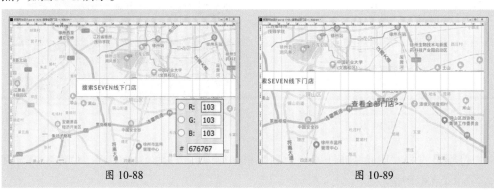

图 10-88　　　　　　　　　　　　　图 10-89

10.2.5 制作页脚区域

使用矩形工具，添加网页相关信息。

步骤 01 选择"矩形工具"绘制矩形，填充70%灰色，如图10-90所示。

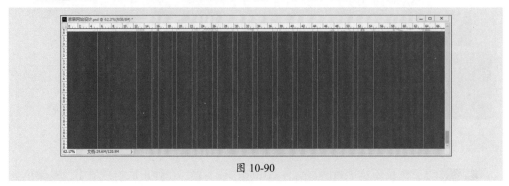

图 10-90

步骤 02 选择"横排文字工具"输入文字"加入SEVEN俱乐部"，在"字符"面板中设置参数，如图10-91、图10-92所示。

图 10-91

图 10-92

步骤 03 继续输入文字，在"字符"面板中设置参数，如图10-93、图10-94所示。

图 10-93

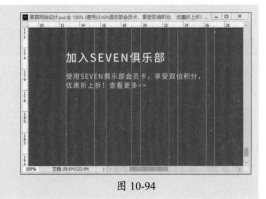

图 10-94

步骤 04 选择"圆角矩形工具"绘制圆角半径为15像素的圆角矩形，填充颜色为白色，如图10-95所示。

步骤 05 选择"横排文字工具"输入文字"立即加入",设置字体颜色为70%灰色,如图10-96所示。

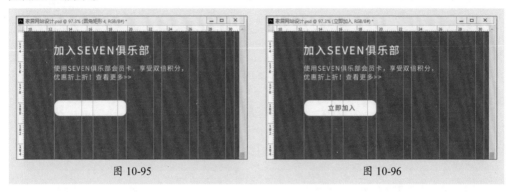

图 10-95　　　　　　　　　　　　　　　　　　　图 10-96

步骤 06 选择"横排文字工具"输入文字"关于我们",在"字符"面板中设置参数,如图10-97、图10-98所示。

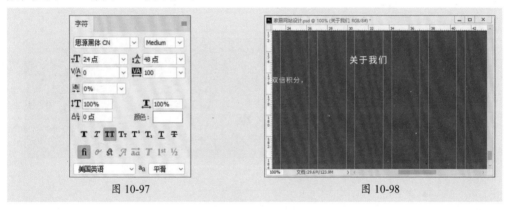

图 10-97　　　　　　　　　　　　　　　　　　　图 10-98

步骤 07 更改字号为18点,选择"横排文字工具"输入五组文字,在"字符"面板中设置参数。选中五组文字,在属性栏中单击"左对齐"按钮 、"水平居中分布"按钮 ,如图10-99所示。

步骤 08 选中六组文字,按住Alt键移动复制,借助智能参考线使其等距分布,如图10-100所示。

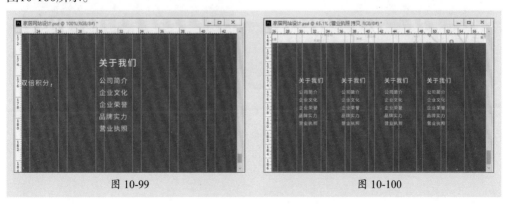

图 10-99　　　　　　　　　　　　　　　　　　　图 10-100

步骤 09 更改文字内容,如图10-101所示。

步骤 10 输入文字"全国服务热线:0888-88888888",如图10-102所示。

图 10-101　　　　　　　　　　　　　　　图 10-102

步骤 11 选择"矩形工具"绘制矩形,填充白色,如图10-103所示。

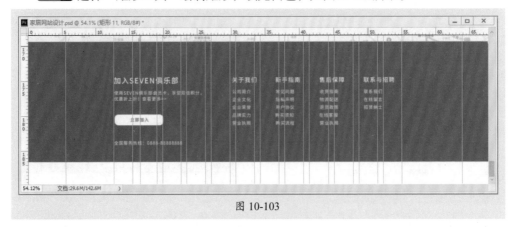

图 10-103

步骤 12 选择"横排文字工具"输入文字,设置字体颜色为70%灰色,如图10-104所示。

图 10-104

步骤 13 选择"横排文字工具"输入文字"关注我们""中文/EN",如图10-105所示。

步骤 14 执行"文件"|"置入嵌入对象"命令,按住Shift键分别等比例调整图像,如图10-106所示。

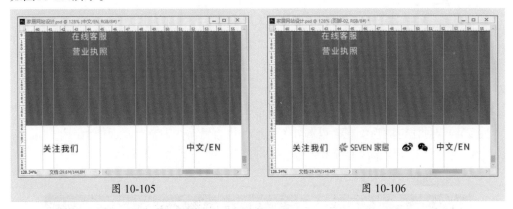

图 10-105   图 10-106

步骤 15 选择最后一排文字和图标调整位置,使其居中对齐,如图10-107所示。

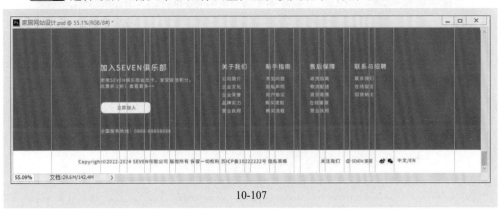

10-107

至此,完成家居网站的制作。

(读)(书)(笔)(记)

项目练习

案例路径 云盘\实例文件\第10章\项目练习\家装公司首页设计

项目背景 某装潢公司为开拓市场扩大影响，委托本部为其设计公司网站。

项目要求 ①网站风格高端、典雅，并具有一定的品质。

②版面布局要清晰，能够让访客更方便、快捷地寻找其所需的信息。

③设计规格为956px×951px。

项目分析 选用黑白灰色调，体现该装潢公司的主流时尚，另外灰色打底会将装潢照片衬托得更为美观。以橘红色矩形色块为辅助，为整个页面的色调添加温馨时尚感。页面的布局要规范，体现公司正规，符合装潢行业特性。

项目效果 图10-108。

图 10-108

课时安排 2课时。

参 考 文 献

[1] 姜洪侠，张楠楠 . Photoshop CC 图形图像处理标准教程 [M]. 北京：人民邮电出版社，2016.

[2] 周建国 . Photoshop CS6 图形图像处理标准教程 [M]. 北京：人民邮电出版社，2016.

[3] 孔翠，杨东宇，朱兆曦 . 平面设计制作标准教程 Photoshop CC+Illustrator CC [M]. 北京：人民邮电出版社，2016.

[4] 沿铭洋，聂清彬 . Illustrator CC 平面设计标准教程 [M]. 北京：人民邮电出版社，2016.

[5] Adobe公司 . Adobe InDesign CC 经典教程 [M]. 北京：人民邮电出版社，2014.